U0416395

云南省普通高等学校“十二五”规划教材
全国林业职业教育教学指导委员会“十二五”规划教材

湿地保护与管理

林向群　宁小昆　主编

中国林业出版社

图书在版编目（CIP）数据

湿地保护与管理/林向群，宁小昆主编．—北京：中国林业出版社，2016.6（2024.6 重印）
云南省普通高等学校“十二五”规划教材　全国林业职业教育教学指导委员会“十二五”规划教材
ISBN 978-7-5038-8580-8

Ⅰ.①湿…　Ⅱ.①沼泽化地－自然资源保护－高等职业教育－教材②沼泽化地－自然资源－资源管理－高等职业教育－教材　Ⅳ.①P941.78

中国版本图书馆 CIP 数据核字（2016）第 135321 号

中国林业出版社·教育出版分社
策　划：肖基浒　吴　卉　　　　责任编辑：吴　卉　肖基浒
电　话：（010）83143555　　　　传　　真：（010）83143516
E-mail：jiaocaipublic@163.com

出版发行：中国林业出版社（100009　北京市西城区德内大街刘海胡同 7 号）
　　　　　电话：（010）83143500
　　　　　https://www.cfph.net
经　　销：新华书店
印　　刷：北京中科印刷有限公司
版　　次：2016 年 6 月第 1 版
印　　次：2024 年 6 月第 3 次印刷
开　　本：787mm×1092mm　1/16
印　　张：7.25
字　　数：181 千字
定　　价：25.00 元

《湿地保护与管理》
编写人员

主　　编

林向群　宁小昆

参　　编

白　冰　邬　琰　王博轶　金　蔚　王雨芊

前　言

湿地具有多种不可替代的综合服务功能，为人类社会提供多种资源和产品，因而被誉为“地球之肾”“淡水资源”“物种基因库”和“气候调节器”，受到全世界的广泛关注和高度重视。

长期以来，各国政府部门、研究机构和相关国际组织在湿地保护管理领域开展了系列探索和研究。我国政府也积极投入，采取了系列措施，不断加强全国湿地保护管理，取得了令人瞩目的阶段性成绩，目前，全国已建立550多个湿地类型自然保护区和400多个湿地公园，全国湿地保护体系基本形成。然而在人口和经济的压力下，经济快速发展以及人类生产生活对湿地资源依赖程度的提高，直接导致了湿地及其生物多样性的普遍破坏，从全国总体情况看，天然湿地数量减少、质量下降的趋势仍在继续，湿地生态系统依然面临着严重威胁。保护湿地及生物多样性已是刻不容缓。

当前，生态文明建设已经成为中国特色社会主义总体布局的重要组成部分。中共十八大提出，在推进生态文明建设过程中，要扩大湿地面积，保护生物多样性，维护生态系统稳定性。这对湿地保护管理工作提出了更高要求，也为湿地保护提供了机遇和保障。而我国在湿地保护方面的工作起步较晚，保护和管理的经验还不足，因此，湿地保护与管理的有效方法的总结和一线人才的培养就显得尤为重要了。

本教材就是在保护工作者前期工作的基础上结合高职教育的要求，按照“工作过程系统化”的理念，把湿地保护与管理的必须知识和方法划分为认识湿地、识别湿地生物、保护与管理湿地三个项目，对三个项目，分别按照任务目标、任务提出、任务实施和任务评价进行了任务设计，每一个任务为一个完整的工作任务。同时在编写上注重了知识、素质、能力一体化培养的统一，培养学生职业能力的同时注重学生的可持续发展能力，为湿地保护与管理的一线工作提供有力的人才支撑。

教材编写期间得到了云南湿地保护管理办公室、云南生物多样性研究院的支持和帮助，在此一并感谢。

由于时间仓促，书中难免有错漏和不妥之处，欢迎广大读者给予指正，以便进一步修改完善。

编　者

2016年3月

目　录

项目1　认识湿地

【任务目标】

1. 知识目标：知道湿地生态系统及湿地资源类型，列举湿地功能。
2. 能力目标：归纳出湿地生态特征。
3. 情感目标：树立湿地重要的意识，自觉成为湿地保护和宣传的传播者。

【任务提出】

湿地是重要的国土资源和自然资源，其如同森林、耕地、海洋一样具有多种功能。正确认识湿地生态系统、湿地资源类型及湿地功能是非常重要的。根据纸质材料、视频资料和网上信息等资源，以小组形式列举出湿地功能，归纳出当地重要湿地资源。

【任务实施】

1. 资料收集、准备、查阅等。
2. 播放视频、网络信息、展示图片等。
3. 各学习小组列举湿地功能，归纳湿地生态特征。

【任务评价】

评价内容		分值	评价标准	组内赋分	组间赋分	教师赋分
职业素养		40分	1. 能充分利用资源自主学习 2. 讨论认真，积极踊跃 3. 分工合作，团队合作意识强			
内容	湿地功能	30分	列举的全面性，文字表达简洁明了，准确专业的文字描述			
	湿地资源	30分	归纳出的资源的全面性，文字表达简洁明了，准确专业的文字描述			
总计得分						
综合得分						

【知识准备】

湿地是重要的国土资源和自然资源，其如同森林、耕地、海洋一样具有多种功能。湿地与人类的生存、繁衍、发展息息相关，是自然界最富生物多样性的生态景观和人类最重要的生存环境之一。它不仅为人类的生产、生活提供多种资源，而且具有巨大的环境功能和效益，在抵御洪水、调节径流、蓄洪防旱、控制污染、调节气候、控制土壤侵蚀、促淤造陆、美化环境等方面有其他系统不可替代的作用，被誉为“地球之肾”，受到全世界范围的广泛关注。在世界自然资源保护联盟(IUCN)、联合国环境规划署(UNEP)和世界自然基金会(WWF)世界自然保护大纲中，湿地与森林、海洋一起并称为全球三大生态系统。

1. 湿地基本知识

1.1 何谓湿地?

湿地一词最早出现于1956年美国鱼和野生动物管理局《39号通告》，通告将湿地定义为“被间歇的或永久的浅水层覆盖的土地。”是1956年美国联邦政府开展湿地清查和编目时使用的。“湿地”一词源自英文 wetland，该词是由两个词组成的，即 wet 和 land。wet 是潮湿的意思，land 是土地。1979年，美国为了对湿地和深水生态环境进行分类，该局对湿地内涵进行了重新界定，认为“湿地是陆地生态系统和水生生态系统之间过渡的土地，该土地水位经常存在或接近地表，或者为浅水所覆盖……”由于湿地和水域、陆地之间没有明显边界，加上不同学科对湿地的研究重点不同，造成湿地的定义一直存在分歧。我国对沼泽、滩涂等湿地研究具有丰富的积累，在实践中形成了具有中国特色的湿地分类系统，通常认为“湿地系指海洋和内陆常年有浅层积水或土壤过湿的地段。”湿地的定义大体上可分为两种：狭义定义一般认为湿地是陆地与水域之间的过渡地带；广义定义则把地球上除海洋(水深6m以上)外的所有水体都当做湿地。广义上的定义为“包括沼泽、滩涂、低潮时水深不超过6m的浅海区、河流、湖泊、水库、稻田等”。1971年2月，由前苏联、加拿大、澳大利亚等36个国家在拉姆萨尔签署的《关于特别是作为水禽栖息地的国际重要湿地公约》(以下简称《湿地公约》)，该《湿地公约》采用广义的湿地定义，这一定义包含狭义湿地的区域，有利于将狭义湿地及附近的水体、陆地形成一个整体，便于保护和管理。湿地的研究活动则往往采用狭义定义。

目前国际上公认的湿地定义是《湿地公约》作出的，即不问其为天然或人工、长久或暂时性的沼泽地、泥炭地或水域地带、静止或流动、淡水、半咸水、咸水体，包括低潮时水深不超过6m的水域。

湿地包括多种类型，珊瑚礁、滩涂、红树林、湖泊、河流、河口、沼泽、水库、池塘、水稻田等都属于湿地。它们共同的特点是其表面常年或经常覆盖着水或充满了水，是介于陆地和水体之间的过渡带。

1.2 湿地分类

湿地可以归类为4大类天然湿地和1大类人工湿地。4大类天然湿地包括滨海湿地，河流湿地，湖泊湿地和沼泽湿地。

(1)滨海湿地

包括低潮时水深6m以内的海域及其沿岸海水浸湿地带，是指浅海水域、潮下水生层、珊瑚礁、岩石性海岸、潮间沙石海滩、潮间淤泥海滩、潮间盐水沼泽、红树林沼泽、海岸性咸水湖、海岸性淡水湖、河口水域、三角洲湿地。

(2)河流湿地

包括永久性河流、季节性或间歇性河流、泛洪平原湿地。

(3)湖泊湿地

包括永久性淡水湖、季节性淡水湖、永久性咸水湖、季节性咸水湖。

(4)沼泽湿地

包括藓类沼泽、草本沼泽、沼泽化草甸、灌丛沼泽、森林沼泽、内陆盐沼、地热湿地、淡水泉或绿洲湿地。

(5)人工湿地

包括水稻田、水产池塘、水塘、灌溉地，以及农用洪泛湿地，蓄水区，运河、排水渠，地下输水系统等。

1.3　湿地的作用

(1)提供水源

湿地常常作为居民生活用水、工业生产用水和农业灌溉用水的水源。溪流、河流、池塘、湖泊中都有可以直接利用的水。其他湿地，如泥炭沼泽森林可以成为浅水水井的水源。

(2)补充地下水

我们平时所用的水有很多是从地下开采出来的，而湿地可以为地下蓄水层补充水源。从湿地到蓄水层的水可以成为地下水系统的一部分，又可以为周围地区的工农生产提供水源。如果湿地受到破坏或消失，就无法为地下蓄水层供水，地下水资源就会减少。

(3)调节流量，控制洪水

湿地是一个巨大的蓄水库，可以在暴雨和河流涨水期储存过量的降水，均匀地把径流放出，减弱危害下游的洪水，因此保护湿地就是保护天然储水系统。

(4)保护堤岸，防风

湿地中生长着多种多样的植物，这些湿地植被可以抵御海浪、台风和风暴的冲击力，防止对海岸的侵蚀，同时它们的根系可以固定、稳定堤岸和海岸，保护沿海工农业生产。如果没有湿地，海岸和河流堤岸就会遭到海浪的破坏。

(5)清除和转化毒物和杂质

湿地有助于减缓水流的速度，当含有毒物和杂质(农药、生活污水和工业排放物)的流水经过湿地时，流速减慢，有利于毒物和杂质的沉淀和排除。此外，一些湿地植物像芦苇、水湖莲能有效地吸收有毒物质。再现实生活中，不少湿地可以用做小型生活污水处理地，这一过程能够提高水的质量，有益于人们的生活和生产。

(6)保留营养物质

流水流经湿地时，其中所含的营养成分被湿地植被吸收，或者积累在湿地泥层之中，净化了下游水源。湿地中的营养物质养育了鱼虾、树林、野生动物和湿地农作物。

(7)防止盐水入侵

沼泽、河流、小溪等湿地向外流出的淡水限制了海水的回灌，沿岸植被也有助于防止潮水流入河流。但是如果过多抽取或排干湿地，破坏植被，淡水流量就会减少，海水可大量入侵河流，减少了人们生活、工农业生产及生态系统的淡水供应。

(8)提供可利用的资源

湿地可以给我们多种多样的产物，包括木材、药材、动物皮革、肉蛋、鱼虾、牧草、水果、芦苇等，还可以提供水电、泥炭、薪柴等多种能源利用。

(9)保持小气候

湿地可以影响小气候。湿地水分通过蒸发成为水蒸气，然后又以降水的形式降到周围地区，保持当地的湿度和降雨量。

(10)野生动物的栖息地

湿地是鸟类、鱼类、两栖动物的繁殖、栖息、迁徙、越冬的场所，其中有许多是珍稀、濒危物种。

(11)航运

湿地的开阔水域为航运提供了条件，具有重要的航运价值，沿海沿江地区经济的迅速发展主要依赖于此。

(12)旅游休闲

湿地具有自然观光、旅游、娱乐等美学方面的功能，蕴涵着丰富秀丽的自然风光，成为人们观光旅游的好地方。

(13)教育和科研价值

复杂的湿地生态系统、丰富的动植物群落、珍贵的濒危物种等，在自然科学教育和研究中都具有十分重要的作用。有些湿地还保留了具有宝贵历史价值的文化遗址，是历史文化研究的重要场所。

2. 湿地的主要功能

湿地是人类最重要的环境资本之一，也是自然界富有生物多样性和较高生产力的生态系统，湿地的水陆过渡性使环境要素在湿地中的耦合和交汇作用复杂化，它对自然环境的反馈作用是多方面的。它为人类社会提供了大量的如食物、原材料和水资源等生产资料和生活资料，具有巨大的生态、经济、社会功能。它能抵御洪水、调节径流、控制污染、消除毒物、净化水质，是自然环境中自净能力很强的区域之一，它对保护环境、维护生态平衡、保护生物多样性、蓄滞洪水、涵养水源、补充地下水、稳定海岸线、控制土壤侵蚀、保墒抗旱、净化空气、调节气候等起着极其重要的作用。湿地的生态功能主要体现在物质循环、生物多样性维护、调节河川径流和气候等方面。

2.1 保护生物和遗传多样性

湿地蕴藏着丰富的动植物资源，湿地植被具有种类多，生物多样性丰富的特点，许多的自然湿地为水生动物、水生植物、多种珍稀濒危野生动物，特别是水禽提供了必需的栖息、迁徙、越冬和繁殖场所。对物种保存和保护物种多样性发挥着重要作用。对维持野生物种种群的存续，筛选和改良具有商品价值的物种，均具有重要意义。如果没有保存完好的自然湿地，许多野生动物将无法完成其生命周期，湿地生物多样性将失去栖身之地。同时，自然湿地为许多物种保存了基因特性，使得许多野生生物能在不受干扰的情况下生存和繁衍。因此，湿地当之无愧地被称为生物超市和物种基因库。

2.2 调蓄径流洪水，补充地下水

湿地在控制洪水，调节河川径流、补给地下水和维持区域水平衡等方面的功能十分显著，是其他生态系统所不能替代的，湿地是陆地上的天然蓄水库，湿地还可以为地下蓄水层补充水源，三是调节区域气候和固定二氧化碳。由于湿地环境中，微生物活动弱，土壤吸收和释放二氧化碳十分缓慢，形成了富含有机质的湿地土壤和泥炭层，起到了固定碳的作用。湿地的水分蒸发和植被叶面的水分蒸腾，使得湿地和大气之间不断进行了能量和物质交换，对周边地区的气候调节具有明显的作用。四是降解污染和净化水质。许多自然湿地生长的湿地植物、微生物通过物理过滤、生物吸收和化学合成与分解等把人类排入湖泊、河流等湿地的有毒有害物质降解和转化为无毒无害甚至有益的物质，湿地在降解污染和净化水质上的强大功能使其被誉为“地球之肾”。五是防浪固岸的作用。湿地中生长着多种多样的植物，这些湿地植被可以抵御海浪、台风和风暴的冲击力，防止对海岸的侵蚀，同时它们的根系可以固定、稳定堤岸和海岸，保护沿海工农业生产。

2.3 提供丰富的动植物产品

湿地提供的水稻、肉类、莲、藕、菱、芡及浅海水域的一些鱼、虾、贝、藻类等是富有营养的副食品；有些湿地动植物还可入药；有许多动植物还是发展轻工业的重要原材料，如芦苇就是重要的造纸原料。

2.4 提供水资源

湿地是人类发展工、农业生产用水和城市生活用水的主要来源。我国众多的沼泽、池塘、溪流、河流、湖泊和水库在输水、储水和供水方面发挥着巨大效益，其他湿地，如泥炭沼泽森林可以成为浅水水井的水源。

2.5 提供矿物资源

湿地中有各种矿砂和盐类资源。湿地可以为人类社会的工业经济的发展提供包括食盐、天然碱、石膏等多种工业原料，以及硼、锂等多种稀有金属矿藏。中国一些重要油田，大都分布在湿地区域，湿地的地下油气资源开发利用，在国民经济中的意义重大。

3. 湿地资源

我国幅员辽阔，地理环境复杂，气候多样，包括了湿地公约列出的全部湿地类型，提供了巨大的经济、生态和社会效益，保护好湿地具有特殊重要意义。

据世界保护监测中心的估测，全球湿地面积约为 $570 \times 10^6 hm^2$，占地球陆地面积的 6%，其中湖泊占 2%，藓类沼泽占 30%，草本沼泽占 26%，森林沼泽占 20%，洪泛平原占 15%。

中国是世界上湿地资源丰富，面积大的国家。我国湿地类型多、分布广、区域差异显著、生物多样性丰富。据最新统计，现有湿地面积约 $6\ 594 \times 10^4\ hm^2$，占世界湿地的 10%，位居亚洲第一位，世界第四位。其中天然湿地约为 $2\ 594 \times 10^4\ hm^2$，包括沼泽约 $1197 \times 10^4\ hm^2$，天然湖泊约 $910 \times 10^4\ hm^2$，潮间带滩涂约 $217 \times 10^4\ hm^2$，浅海水域 $270 \times 10^4\ hm^2$；人工湿地约 $4\ 000 \times 10^4\ hm^2$，包括水库水面约 $200 \times 10^4\ hm^2$，稻田约 $3\ 800 \times 10^4\ hm^2$。

中国东部地区河流湿地多，东北部地区沼泽湿地多，而西部干旱地区湿地明显偏少；长江中下游地区和青藏高原湖泊湿地多，青藏高原和西北部干旱地区又多为咸水湖和盐湖；海南岛到福建北部的沿海地区分布着独特的红树林和亚热带和热带地区人工湿地。青藏高原具有世界海拔最高的大面积高原沼泽和湖群，形成了独特的生态环境。

中国的湿地生境类型众多，其间生长着众多的生物物种，不仅物种数量多，而且有很多是中国所特有，具有重大的科研价值和经济价值。

但是随着我国人口不断增长和经济的快速发展，围垦湿地、过度利用自然资源越发严重，自 20 世纪 50 年代以来，中国湿地面积锐减了 50% 以上，由于许多湿地功能退化，造成水土流失甚至出现沙化，另外工农业生产排放的废弃物，也使 40% 的湿地遭到不同程度的污染。总体上讲，中国湿地继续丧失和退化趋势尚未得到有效遏制。

对湿地的不合理开发利用，对森林资源的过度砍伐以及过量获取湿地生物资源导致中国天然湿地日益减少，功能和效益下降；湿地生物多样性逐渐丧失；湿地水质碱化，湖泊萎缩；湿地水体污染，严重危及湿地生物的生存环境；水土流失加剧，江河湖泊泥沙淤积等。我国湿地资源已遭受了严重破坏，其生态功能也严重受损。保护湿地已到了刻不容缓的时候。

3.1 湿地水资源

水是湿地生存的基础，湿地是水的载体，湿地水资源包括：

(1)淡水

淡水是任何形式的水的来源，包括所溶解颗粒不超过千分之一的可溶固体。河流和湖泊是地球淡水资源的例子。这些水都是可以直接饮用的。世界上只有 0.26% 的淡水，而剩余的均是海水(咸水)或南北极的冰山、冰河和深地下水。与淡水生态系统有关的重要湿地是主要的河流、泥炭沼泽和天然湖泊的水源。这些生态系统维持了大量的有机物，例如，按照物种的单位面积，淡水生态系统平均稍高于陆地生态系统。同时，又是海涂环境的 15 倍。另外，所有的陆地动植物种，包括人类都依赖于淡水资源。中国就是许多大河和湖泊的发源地。河流生态系统、湖泊生态系统、泥炭沼泽生态系统中的水都为淡水。

(2)半咸水

半咸水含有较多盐的成分，所溶解颗粒在千分之一和千分之一点五的可溶固体，但是含盐量少于大海。半咸水的含盐量可以变动，其原因取决于潮汐、河流流入淡水的总量、雨量以及蒸发量而定。半咸水所容纳的有机物是根据所含盐浓度的变化来确定。如海南东寨港红树林保护区，就是中国典型的半咸水红树林生态系统。

(3)海水

通常海水包括所溶解颗粒的百分之三点五的可溶固体或盐。海水占地球水资源的97%，他支持着所有的有机物，其范围包括微生物、植物以及生活在海洋的鲸类。中国的许多湿地栖息地与海水有关，如珊瑚礁、浅水潟湖，滩涂/沙滩、岩石和海岸、滩涂岩石。

3.2　河流湿地

我国是一个山高水长，河流众多的国家。流域面积在100 km^2的河流约5万多条，流域面积在1 000 km^2以上的河流也有1 500余条，这些河流主要集中在长江、黄河、珠江、松花江和辽河等流域内，共计860条，占1 000 km^2以上河流总数的57%(中国自然资源丛书编撰委员会，1995)。

我国河流多属外流型河流，其流域面积约占全国总面积的64%，其中，向东注入太平洋的河流主要有长江、黄河、黑龙江、辽河、海河、淮河、钱塘江、珠江、澜沧江；向南注入印度洋的有怒江和雅鲁藏布江；西北部的额尔齐斯河向西流入哈萨克斯坦境内，再向北经俄罗斯流入北冰洋。

我国内陆性河流流域面积占全国总面积的36%，主要有4个地区(熊怡等，1989)：甘新地区(占21.3%)、藏北与藏南地区(占7.6%)、内蒙古地区(占3.4%)、柴达木与青海地区(占3.2%)，均属欧亚大陆内陆流域的一部分，由于距海遥远，干燥少雨，水系不发育，河流极为稀少，甚至出现没有形成河流的无流区。我国河流虽多，但在地区分布上很不均匀，绝大部分分布在东南部的外流区域内，河网密度多在500 m/ km^2以上。

河流是地理景观中较活跃的要素之一，在地表物质迁移中扮演着十分重要角色(熊怡等，1989)：我国河流每年从陆地有26 000 $\times 10^8$ m^3的径流汇入海洋，成为海陆之间水循环的重要组成部分；我国河流每年从山地和丘陵地区带走约35 $\times 10^8$t的泥沙，沉积在低洼地带和海洋中；我国河流每年搬运约4.5 $\times 10^8$t各种盐类，其中4.0 $\times 10^8$t带入海洋，0.5 $\times 10^8$t沉积在内陆盆地中。

我国河流年径流量地区差异很大，以长江流域片最大，为9 513 $\times 10^8 m^3$，其次是西南诸河流域片和珠江流域片，分别为5 853 $\times 10^8 m^3$和4 685 $\times 10^8 m^3$，海滦河流域片最小，仅为288 $\times 10^8 m^3$，全国年径流总量比较丰富，为27 115 $\times 10^8$ m^3，是我国淡水资源的重要组成部分。我国八大江河中，年径流深以珠江最大，达751.3mm，其次为雅鲁藏布江687.3mm，辽河最小，为64.6mm，最大最小相差10倍以上(中国自然资源丛书编撰委员会，1995)。

河流泛滥平原湿地即河流泛滥洪水淹没的湿地。近50余年来，由于各种水利工程修建，特别是沿江、河筑堤，使洪水控制在沿河窄长地带，只有大洪水年才能漫堤进入堤外平原。因此，随着水利工程修建和控洪级别的提高，堤外的泛洪面积逐渐变小，但堤内泛洪湿地一般比较发育。

泛洪湿地主要由各类苔草、禾草、灌丛植物组成。在常年积水的牛轭湖湿地生长各种水生植物和苔草、芦苇等沼泽植物；季节积水湿地为沼泽化草甸和灌丛植物。

3.3 湖泊湿地

我国幅员辽阔，天然湖泊遍布全国，无论高山与平原，大陆或岛屿，湿润区还是干旱区都有天然湖泊的分布，就连干旱的沙漠地区与严寒的青藏高原也不乏湖泊的存在。各民族对湖泊的习惯称谓也有所不同。一般在太湖流域称荡、漾、塘；松辽地区称泡或咸泡子；内蒙古称诺尔、淖或海子；新疆称库尔或库勒；西藏称错或茶卡。

根据全国湿地调查，全国现有大于 1.0km^{2}的天然湖泊总面积为 835.15km^2，占全国陆地面积的 0.87%。这些湖泊各具特色，有的深居高山，雪山环抱，湖光山色交相辉映；有的静卧平原，烟波浩渺，水天一色，就像一颗颗璀璨的明珠，充满生机和灵气地散落在华夏大地之上，为大自然增添了无限风采，给人们带来许多美的享受。

湖泊是在一定的地质历史和自然地理背景下形成的。由于我国区域自然条件的差异，以及湖泊成因和演化阶段的不同，显示出不同区域特点和多种多样的湖泊类型：有世界上海拔最高的湖泊，也有位于海平面以下的湖泊；有浅水湖，也有深水湖；有吞吐湖，也有闭流湖；有淡水湖，也有咸水湖和盐湖等。

中国的湖泊分布广且不均匀。按着湖群地理分布和形成特点，将全国划分 5 个主要湖区：青藏高原湖群、东部平原湖群、蒙新高原湖群、东北平原及山地湖群和云贵高原湖群。长江中下游及青藏高原是湖泊分布最为密集的地区。根据成因，我国的湖泊可划分以下 8 种类型：构造湖、河成湖、火山口湖、堰塞湖、冰川湖、岩熔湖、风成湖和海成湖。

湖泊具有调蓄洪水、生物多样性等生态价值和调节气候、供水（蓄水）、水产业、航运等经济价值。

3.4 海岸湿地

3.4.1 我国海岸湿地的分布

中国近海与海岸湿地主要分布于沿海的 11 个省（自治区、直辖市）和港澳台地区。海域沿岸约有 1 500 多条大中河流入海，形成了浅海滩涂、珊瑚礁、河口水域、三角洲、红树林等湿地生态系统。近海与海岸湿地以杭州湾为界，分成杭州湾以北和杭州湾以南两个部分。

（1）杭州湾以北海岸湿地

杭州湾以北的近海与海岸湿地除山东半岛、辽东半岛的部分地区为岩石性海滩外，多为沙质和淤泥质海滩，由环渤海滨海和江苏滨海湿地组成。这里植物生长茂盛，潮间带无脊椎动物特别丰富，浅水区域鱼类较多，为鸟类提供了丰富的食物来源和良好的栖息场所。因而中国杭州湾以北海岸许多部分成为大量珍禽的栖息过境或繁殖地，如辽河三角洲、黄河三角洲、江苏盐城沿海等。黄河三角洲和辽河三角洲是环渤海的重要滨海湿地，其中辽河三角洲有集中分布的世界第二大苇田——盘锦苇田，面积为 6.6×10^4hm^2。环渤海近海与海岸湿地尚有莱州湾湿地、马棚口湿地、北大港湿地和北塘湿地。江苏滨海湿地主要由长江三角洲和黄河三角洲的一部分构成，仅海滩面积就达 55×10^4hm^2。

(2)杭州湾以南海岸湿地

杭州湾以南的近海与海岸湿地以岩石性海滩为主。其主要河口及海湾有钱塘江—杭州湾、晋江口—泉州湾、珠江口河口湾和北部湾等。在海湾、河口的淤泥质海滩上分布有红树林，在海南至福建北部沿海滩涂及台湾西海岸都有天然红树林分布区。热带珊瑚礁主要分布在西沙和南沙群岛及台湾、海南沿海，其北缘可达北回归线附近。目前对浅海滩涂湿地开发利用的主要方式有：滩涂湿地围垦、海水养殖、盐业生产和油气资源开发等。

3.4.2　我国海岸重要湿地的现状

(1)红树林湿地

红树林素有“海底森林”之称，是珍贵的生态资源。红树林具有防浪护岸功能，对维护海岸生物多样性和资源生产力至关重要，并能减轻污染、净化环境，是重要的生物资源和旅游资源。近40年来，特别是最近十多年来，由于围海造田、围海养殖、砍伐等人为因素，不少地区的红树林面积锐减，甚至已经消失。我国红树林面积已由40年前的4.2×10^4 hm^2减少到1.46×10^4 hm^2。1998年，广东省南澳县和深圳等地海域先后暴发大面积的赤潮，造成直接经济损失近亿元。广东省生态专家一致认为，赤潮泛滥的主要原因之一，就是由于红树林的大面积减少。

目前，我国已建立国家级红树林自然保护区4个、省级6个、县市级8个，保护区的红树林已占全国总面积的一半以上。要真正实现红树林和红树林海岸的有效保护，还有大量工作要做。

(2)珊瑚礁湿地

珊瑚礁具有重要的环境价值、经济价值和科学研究价值，我国珊瑚礁目前也正受到海洋污染和人为的严重破坏与威胁。例如，海南省文昌县清澜港出海口东侧的邦塘湾，邻近海域超过500 hm^2的珊瑚礁。近年来，由于滥采珊瑚礁，邦塘湾的生态环境遭受严重破坏。据统计，到1990年6月，文昌县境内年珊瑚礁挖采量达6 000t，近岸珊瑚礁已所剩无几，海岸遭受严重侵蚀，海水冲击村庄，迫使居民举家迁移。同时，由于对珊瑚礁的乱采、滥挖，海洋动植物赖以生存的家园遭受破坏，致使珊瑚礁鱼类、贝类资源锐减。

4. 湿地生态系统特征

(1)系统的生物多样性

由于湿地是陆地与水体的过渡地带，因此它同时兼具丰富的陆生和水生动植物资源，形成了其他任何单一生态系统都无法比拟的天然基因库和独特的生境，特殊的水文、土壤和气候提供了复杂且完备的动植物群落，它对于保护物种、维持生物多样性具有难以替代的生态价值。

(2)系统的生态脆弱性

湿地水文、土壤、气候相互作用，形成了湿地生态系统环境主要素。每一因素的改变，都或多或少地导致生态系统的变化，特别是水文，当它受到自然或人为活动干扰时，生态系统稳定性受到一定程度破坏，进而影响生物群落结构，改变湿地生态系统。

(3)生产力高效性

湿地生态系统同其他任何生态系统相比，初级生产力较高。据报道，湿地生态系统每年平均生产蛋白质9g/m^2，是陆地生态系统的3.5倍。

(4)效益的综合性

湿地具有综合效益，它既具有调蓄水源、调节气候、净化水质、保存物种、提供野生动物栖息地等基本生态效益，也具有为工业、农业、能源、医疗业等提供大量生产原料的经济效益，同时还有作为物种研究和教育基地、提供旅游等社会效益。

(5)生态系统的易变性

易变性是湿地生态系统脆弱性表现的特殊形态之一。当水量减少以至干涸时，湿地生态系统演替为陆地生态系统；当水量增加时，该系统又演化为湿地生态系统，水文决定了系统的状态。

项目 2　识别湿地生物

任务 1　识别湿地植物

【任务目标】

1. 知识目标：知道主要湿地植物种类，包括其学名、主要特征及功能。

2. 能力目标：识别出当地主要的湿地植物类群与植物种类。

3. 情感目标：树立湿地植物保护意识，尤其是国家重点保护湿地植物以及当地特有的野生湿地物种，具有重要科学价值以及重要经济、社会意义的物种。

【任务提出】

湿地生物多样性丰富，了解湿地植物区系，认识湿地植物种类，对湿地资源的保护、合理开发利用，以及当地各大江河生态系统的稳定和保护具有一定的作用。调查当地湿地重要的植物资源，列举当地常见的湿地植物种类，找出主要特征及功能。

【任务实施】

1. 到当地不同湿地类型进行湿地植物调查。

2. 资料查阅、鉴定与识别。

3. 各学习小组归类常见和重要的湿地植物，总结其特征与功能，并填写植物调查表。

调查地点：____________　人员：____________　时间：____________

植物名称	主要特征	功能	备注

【任务评价】

评价内容	分值	评价标准	组内赋分	组间赋分	教师赋分
职业素养	20 分	1. 能充分利用资源自主学习 2. 调查认真，积极踊跃 3. 分工合作，团队合作意识强			

（续）

评价内容		分值	评价标准	组内赋分	组间赋分	教师赋分
内容	湿地植物种类	50 分	常见种类的准确性，文字表达简洁明了，准确专业的文字描述			
	植物特征与功能	30 分	重要湿地植物的特征及功能描述准确性与全面性，文字表达简洁明了			
总计得分						
综合得分						

【知识准备】

湿地是生物的起源之一，又是生物生存和发展的承载体。湿地植物作为湿地生态系统的初级生产者，为湿地生态系统的其他各层次提供物质和能量，起至关重要的作用。同时湿地植物还为兽类、两栖爬行类和鱼类，尤其是珍稀水禽提供栖息、繁衍和生长的场所，是湿地生态系统的最重要的组成部分。湿地植被在调节地方气候、维持河川径流平衡、补充地下水及蓄洪防灾等方面起着非常重要的作用，还是碳、氮等元素的重要储蓄库与降解污染物质的天然工厂，对温室气体排放和净化空气作出巨大贡献。

湿地植物包括沼生植物、湿生植物和水生植物。中国的湿地生境类型众多，生长着多种多样的植物物种，不仅物种数量多，而且有很多是中国所特有，具有重大的科研价值和经济价值。据国家林业局 2003 年《全国湿地资源调查简报》调查统计，我国湿地高等植物约有 225 科 815 属 2 276 种(包括种以下分类单元)，分别占全国高等植物科、属、种数的 63.7%、25.6% 和 7.7%。在中国湿地植物中，有国家一级保护野生植物 6 种：中华水韭、宽叶水韭、水松、水杉、莼菜、长喙毛茛泽泻；国家二级保护野生植物 11 种。

1. 苔藓植物

我国湿地植物中苔藓植物有 64 科 139 属 267 种。苔藓植物喜欢阴暗潮湿的环境，一般生长在裸露的石壁上，或潮湿的森林和沼泽地。是一种小型的绿色植物，结构简单，没有真正的根和维管束。植物体已有假根和类似茎、叶的分化。孢子散发在空中，对陆生生物有重要的生物学意义。在植物界的演化进程中，苔藓植物代表着从水生逐渐过渡到陆生的类型。多数生长在阴湿的环境中，如林下土壤表面、树木枝干上，沼泽地带和水溪旁、墙角背阴处等。

(1)葫芦藓 *funaria hygrometrica*

葫芦藓科湿生草本。生活在阴湿的墙脚林下或树干上。植物体矮小，只有 1～3cm，有茎和叶的分化，叶又小又薄，无叶脉，呈卵形或舌形。没有真正的根，只有短而细的假根，起固着植物体的作用。

(2)地钱 *Marchantia polymorpha*

苔纲地钱科植物。植物体呈叶状，扁平，匍匐生长，背面绿色，有六角形气室，室中央具一气孔；气孔烟囱形；气室内具多数直立的营养丝。腹面有紫色鳞片和假根。雌雄异株，雄托圆盘状，波状浅裂，上面生许多小孔，孔腔内生精子器，托柄较短；雌托指状或片状深裂，下面生颈卵器，托柄较长；卵细胞受精后发育成孢子体。孢子体分孢蒴、蒴柄和基足三部分。

(3) 东亚小金发藓 *pogonatum inflexum*

金发藓科小金发藓属植物。丛集群生，多硬挺，绿色或暗绿色。茎直立，不分叉，长达 5～6cm，基部密生红棕色假根。叶干燥时贴茎，或上部向内卷曲，湿润时倾立；基部卵形或阔卵形，呈半鞘状，上部呈阔披针形，渐尖；叶边平直，具粗齿，由 2～3 个细胞组成；中肋长达叶尖，腹面密被纵长栉后，一般有 4～6 个细胞，顶细胞内凹。雌雄异株。雄株较小，成熟时顶端形成着生多数红棕色盘状雄苞，翌年萌生新枝。雌株顶端着生由细长蒴柄伸出的孢蒴，并被覆密生黄色纤毛的蒴帽。

2. 蕨类植物

我国湿地植物中蕨类植物有 27 科 42 属 70 种，包括凤尾蕨科、木贼科、水蕨科等植物。

(1) 翠云草 *Selaginella uncinata*

卷柏科湿生草本。植株匍匐茎蔓生或略攀附向上伸展，自基部开始三至四回分枝，通体枝扁平。主枝显著，茎内有维管束 1 条。一回分枝羽状，互生，卵形至长卵形。不育叶异型。孢子叶穗单生于末回分枝顶端。孢子叶一型，有明显的白边。

(2) 毛管草 *Equisetum ramosissimum* ssp. *debile*

木贼科湿生草本。气生茎在根状茎的节上大多单生，主茎粗壮高大，主茎的鞘筒常呈短圆筒形，紧靠节间基部，口部不收缩，主茎鞘齿膜质，易从基部平截断裂脱落，故鞘口常呈截形。孢子叶球椭圆笔头形，生于主茎及部分侧枝顶端。

(3) 溪边凤尾蕨 *pteris terminalis*

凤尾蕨科湿生草本。根状茎横卧或横走。叶一型。叶片阔三角形，1～2 回羽状。侧生羽片 6～12 对，羽状深裂或全裂，篦齿状。叶脉分离，侧脉不明显，单一或分叉。孢子囊群着生于裂片的两侧边缘，膜质假囊群盖灰白色，全缘。

(4) 蜈蚣草 *pteris vittata*

凤尾蕨科湿生草本。根状茎短而直立。叶簇生，同型。叶片一回羽状，倒披针形。裂片约 30～50 对，披针形，无柄，覆盖叶轴，顶端渐尖，边缘有锯齿。叶脉分离。孢子囊群线性，沿叶缘着生，具膜质、近全缘的假囊群盖。

(5) 水蕨 *Ceratopteris thalictriodes*

水蕨科湿生草本。叶簇生。叶柄长，绿色，粗壮肉质。叶片明显二型。不育叶三角状卵形，一至二回羽状深裂。能育叶明显高于不育叶，三至四回羽状深裂。孢子囊群颗粒状。国家二级保护植物。

(6) 南国田字草 *Marsilea crenata*

苹科湿生草本或浮叶植物。根状茎纤细，横走，具分枝，向下生出纤细须根。叶片由四个羽片组成，呈十字形，外缘为圆形，全缘，基部楔形。羽片为倒三角形，叶脉从羽片基部向上呈放射状分叉。孢子果卵形，棕色，常 1 或 2 个簇生于叶柄基部。

(7)满江红 ***Azolla pinnta* ssp. *asiatica***

满江红科浮游植物。根状茎横走，羽状分枝，向下生出须根，悬垂水中。植株圆形或三角形。叶小型，近无柄，覆瓦状排列，通常分裂为上下两片，上片肉质，绿色(秋后变红)，在水面行光合作用，下片沉水中。孢子果成对生于分枝基部的沉水裂片上。

(8)铁线蕨 ***Adiantum capillus-veneris* L.**

铁线蕨科多年生草本，高0.1~0.6m。因其茎细长且颜色似铁丝，故名铁线蕨。根状茎细长横走，密被棕色披针形鳞片。叶片卵状三角形，长10~25cm，宽8~16cm，尖头，基部楔形，中部以下多为二回羽状，中部以上为一回奇数羽状。孢子囊群每羽片3~10枚，横生于能育的末回小羽片的上缘；囊群盖长形、长肾形成圆肾形，上缘平直，淡黄绿色，老时棕色，膜质，全缘，宿存。

(9)金毛狗 ***Cibotium barometz***

蚌壳蕨科大型树状陆生蕨类，植株高1~3m，体形似树蕨，根状茎平卧、粗大，叶簇生于茎顶端，形成冠状，叶片大，三回羽裂，羽片长披针形，裂片边缘有细锯齿；叶柄长可达119cm，棕褐色，基具有一大片垫状的金色茸毛，它的幼叶刚长出时呈拳状，也密被金色茸毛，极为美观。它的孢子囊群生于小脉顶端，囊群盖坚硬两瓣，成熟时张开，形如蚌壳，也颇具特色。生于山麓沟边及林下阴处酸性土上。

(10)肾蕨 ***Nephrolepis auriculata***

肾蕨科附生或土生植物。根状茎直立，被蓬松的淡棕色长钻形鳞片，下部有粗铁丝状的匍匐茎向四方横展，匍匐茎棕褐色，不分枝，疏被鳞片，有纤细的褐棕色须。叶簇生，暗褐色，略有光泽，叶片线状披针形或狭披针形，一回羽状，羽状多数，互生，常密集而呈覆瓦状排列，披针形，叶缘有疏浅的钝锯齿。叶脉明显，侧脉纤细，自主脉向上斜出，在下部分叉。叶坚草质或草质，干后棕绿色或褐棕色，光滑。孢子囊群成1行位于主脉两侧，肾形，生于每组侧脉的上侧小脉顶端，位于从叶边至主脉的1/3处；囊群盖肾形，褐棕色，边缘色较淡，无毛。

(11)节节草 ***Equisetum ramosissimum***

木贼科木贼属植物。多年生，根茎细长入土深，黑褐色。茎细弱，绿色，基部多分枝，上部少分支或部分枝，粗糙具条棱，叶鳞片状，轮生，基部联合成鞘状。孢子囊长圆形，有小尖头；孢子叶6角形，中央凹入。以根茎或孢子繁殖。根茎早期3月发芽，4月产孢子囊穗，成熟后散落，萌发，成为秋天杂草。广泛分布我国各地，性喜近水，农田杂草，中草药。

3. 裸子植物

我国湿地植物中裸子植物有4科9属20种，包括松科、杉科、麻黄科和买麻藤科。

(1)水松 ***Glyptostrobus pensilis***

杉科湿生乔本。生于湿润环境者树干基部膨大成柱槽状，且具吸收根。树皮纵裂呈不规则的长条片。叶多型，鳞形叶较厚或背腹隆起，长约2mm；条形叶两侧扁平而薄，长1~3cm；条状钻形叶两侧扁，背部有棱脊，长4~11mm。球果倒卵圆形，种子椭圆形，种翅长4~7mm。国家一级保护植物。

(2) 水杉 *Metasequoia glyptostroboides*

杉科落叶乔木。小枝对生，下垂。叶线形，交互对生，假二列成羽状复叶状，长 1～1.7cm，下面两侧有 4～8 条气孔线。雌雄同株。球果下垂，近球形，微具 4 棱，长 1.8～2.5cm，有长柄；种鳞木质，盾形，每种鳞具 5～9 种子，种子扁平，周围具窄翅。孑遗植物，有"活化石"之称，对于古植物、古气候、古地理和地质学，以及裸子植物系统发育的研究均有重要的意义。

(3) 池杉 *Taxodium ascendens*

杉科落叶乔木，高达 25m。主干挺直，树冠尖塔形。树干基部膨大，枝条向上形成狭窄的树冠，尖塔形，形状优美；叶钻形在枝上螺旋伸展；球果圆球形。池杉树，杉科落羽杉属，树皮纵裂成长条片而脱落，树干基部膨大，通常有曲膝状的呼吸根。花期 3 月，果实 10～11 月成熟，球果圆球形或长圆状球形，有短梗，种子不规则三角形，略扁，红褐色，边缘有锐脊。

(4) 落羽杉 *Taxodium distichum*

杉科落叶大乔木，树高可达 25～50m。树干尖削度大，干基通常膨大，常有屈膝状的呼吸根；树皮棕色，裂成长条片脱落；枝条水平开展，幼树树冠圆锥形，老则呈宽圆锥状。叶条形，扁平，基部扭转在小枝上列成二列，羽状，长 1～1.5cm，宽约 1mm，先端尖，上面中脉凹下，淡绿色，下面黄绿色或灰绿色，中脉隆起，每边有 4～8 条气孔线，凋落前变成暗红褐色。孑遗植物，常生于湖边、河岸、水网地区。

(5) 湿地松 *pinus elliottii*

松科常绿乔木，原产于北美东南沿海、古巴、中美洲等地，高达 30m，胸径 90cm，喜生于海拔 150～500m 的潮湿土壤。树皮灰褐色或暗红褐色，纵裂成鳞状块片剥落，小枝粗糙。针叶 2～3 针一束并存，长 18～25cm，刚硬，深绿色，有气孔线，边缘有锯齿；叶鞘长约 1.2cm。球果圆锥形或窄卵圆形，长 6.5～13cm，径 3～5cm，有梗；种子卵圆形，微具 3 棱，长 6mm，黑色，有灰色斑点，种翅长 0.8～3.3cm，易脱落。

4. 被子植物

我国湿地植物中被子植物有 130 科 625 属 1 919 种，以禾本科种数最多；其次是莎草科、菊科、唇形科、蓼科、毛茛科和藜科等。

(1) 野棉花 *Anemone vitifolia*

毛茛科湿生草本。根状茎斜生。基生叶 2～5，叶片心状卵形，3～5 浅裂，有毛，叶柄被柔毛。花葶高 60～100cm，聚伞花序长 20～60cm，苞片 3，萼片 5，白色或带粉红色，倒卵形。心皮约 400，子房被绵毛。瘦果长约 3.5mm，有细柄，被绵毛。

(2) 茴茴蒜 *Ranunculus chinensis*

毛茛科湿生草本。基生叶为三出复叶，卵形，小叶具柄，中央小叶菱形，3 深裂。顶生复单歧聚伞花序有 3 至数花，萼片 5，反折，椭圆状卵形，花瓣 5，倒卵形，雄蕊多数，聚合果通常长圆形，瘦果扁，花柱宿存。

(3) 金鱼藻 *Ceratophyllum demersum*

金鱼藻科沉水植物。茎长 40～150cm，平滑，具分枝。叶 4～12 轮生，1～2 次二叉状分歧，裂片丝状或狭线形。苞片9～12，条形，雄蕊10～16，子房卵形，花柱钻状。坚果宽椭圆形，黑色，有3刺。

(4)莼菜 *Brasenia schreberi*

睡莲科浮叶植物。根状茎小，匍匐，茎细，多分枝，包在胶质鞘内。叶二型，漂浮叶互生，盾状，全缘，有长叶柄；沉水叶至少在芽时存在。叶柄及花梗有胶质物。花小，单生，萼片及花瓣均宿存，雄蕊12～18，心皮6～18，离生。坚果革质。国家一级保护植物。

(5)莲 *Nelumbo nucifera*

睡莲科挺水植物。根状茎横生，节间膨大，内有多数纵行通气孔道，节部缢缩。叶圆形，盾状，叶柄中空，外面散生小刺。花瓣多数，由外向内渐小，有时变成雄蕊。雄蕊多数，心皮多数，埋藏于倒圆锥形花托内。坚果椭圆形或卵圆形。

(6)睡莲 *Nymphaea tetragona*

睡莲科浮叶植物。叶纸质，心状卵形或卵状椭圆形，基部有深弯缺。花萼基部四棱形，萼片近革质，宿存。花瓣白色，内轮不变成雄蕊，柱头具5～8辐射线。浆果球形，为宿存萼片包裹，种子椭圆形。

(7)豆瓣菜 *Nasturtium officinale*

十字花科湿生草本。多年生水生草本，茎中空，高20～40cm。大头羽状复叶。总状花序顶生，花白色，萼片长圆形，花瓣倒卵状匙形，有细长爪。长角果圆柱形，扁平。种子2行，多数，卵形，长约1mm，褐色。

(8)金荞麦 *Fagopyrum dibotrys*

蓼科湿生草本。高50～100cm。根状茎木质化，黑褐色。茎直立，分枝，具纵棱，无毛。叶片三角形，托叶鞘筒状，膜质，褐色。花序伞房状，苞片卵状披针形，花被5深裂，裂片长椭圆形，白色。雄蕊8，花柱3，柱头头状。瘦果宽卵形，具3锐棱，黑褐色，花萼宿存。国家二级保护植物。

(9)两栖蓼 *Polygonum amphibium*

蓼科沼生和水生草本。根状茎横走。生于水中者茎漂浮，无毛，节部生不定根，托叶鞘薄膜质，筒状。生于陆地者茎直立，不分枝或自基部分枝。总状花序呈穗状，每苞具2～3花，花被5深裂，裂片长椭圆形，雄蕊通常5，花柱2，柱头头状。瘦果近圆形，双凸镜状，黑色。

(10)火炭母 *Polygonum chinense*

蓼科湿生草本。高70～100cm。叶片卵形，上部叶近无柄或抱茎，托叶鞘膜质，具脉纹。头状花序，苞片宽卵形，花被5深裂，裂片卵形，果期增大，呈肉质，蓝黑色。瘦果宽卵形，具3棱，长3～4mm，黑色，无光泽，包于宿存的花被。

(11)水蓼 *Polygonum hydropiper*

蓼科湿生草本。高40～70cm，茎节部膨大。叶片披针形或椭圆状披针形，被褐色小点，具辛辣味。托叶鞘膜质，筒状。总状花序穗状，常下垂，花稀疏。苞片漏斗状，边缘膜质，每苞具3～5花，花被4或5深裂，上部白色或淡红色，被黄褐色透明腺点。雄蕊6或8。瘦果卵形，双凸镜状或具3棱，密被小凹点，黑褐色。

(12) 莲子草 *Alternanthera sessilis*

苋科湿生草本。茎匍匐，有沟纹，在节处有一环生毛。叶厚纸质。头状花序 1~4 个，腋生，无总苞，苞片白色，花被片白色，雄蕊 3，基部连和成杯状，退化雄蕊三角状钻形，全缘。胞果倒心形，翅状，包在宿存花被片内。

(13) 华凤仙 *Impatients chinensis*

凤仙花科湿生草本。茎下部平卧。叶对生，叶片线性或线状长圆形，基部圆形或近心形。花单生叶腋，花较大。侧生萼片 2，唇瓣基部延长成内弯的长距，蒴果短，中部膨大，无毛。

(14) 水苋菜 *Ammannia baccifera*

千屈菜科湿生草本。高 10~45cm，茎直立，分枝，具四棱。叶交互对生，披针形至倒卵状长圆形，侧脉不明显。花极小，无花瓣，于叶腋内排成密集小聚伞花序或花束。

(15) 千屈菜 *Lythrum salicaria*

千屈菜科湿生草本。茎直立，常四棱。叶对生或三叶轮生，披针形，全缘，无柄。花组成小聚伞花序，簇生，形似一大型穗状花序。花瓣 6，红紫色或淡紫色，倒披针状长椭圆形，着生于萼筒上部，有短爪，稍皱缩，雄蕊 12，6 长 6 短。蒴果扁圆形。

(16) 圆叶节节菜 *Rotala rotundifolia*

千屈菜科湿生草本。茎下部伏地，生根，常成丛。叶对生，无柄或具短柄，圆形，边缘不为软骨质。花极小，两性，单生于苞腋内，排成顶生穗状花序。苞片阔卵形，花萼阔钟形，膜质。花瓣 4，倒卵形，淡紫色。果为蒴果。

(17) 水龙 *Ludwigia adscendens*

柳叶菜科漂浮植物。浮水茎节上束生白色海绵质纺锤体。叶椭圆形、倒披针形。花单生叶腋，花瓣 5，乳白色，基部黄色，倒卵形。雄蕊 10，花盘外凸，花瓣内具蜜腺。蒴果有 10 条棱脊，长 1.2~2.7cm。种子每室 1 行，紧嵌在连续的骰子状内果皮内。

(18) 野菱 *Trapa natans*

菱科浮叶植物。浮水叶互生，聚生于茎顶形成莲座状的菱盘，叶片斜方形或三角状菱形。沉水叶小，早落。花单生叶腋。萼筒 4 裂，花瓣 4，白色，雄蕊 4，子房半下位，2 室，花盘鸡冠状。果三角形，具 4 刺角。

(19) 狐尾藻 *Myriophyllum verticillatum*

小二仙草科沉水植物。叶通常(4~5)枚轮生，沉水叶较气生叶大。花单性，雌雄同株，单生于茎枝挺水部分的叶腋，雌花在下部，雄花在上部，苞片羽状篦齿状分裂。雄花萼片 4，花瓣 4，雄蕊 8，雌花萼管顶端 4 裂，花瓣 4，柱头 4，羽状，向外反折。果实广卵形，具 4 条浅槽。

(20) 水柳 *Homonoia riparia*

大戟科湿生灌木。高 1~3m，茎具明显皮孔，小枝具棱，被柔毛。叶互生，上面青灰色，下面铁锈色，密生鳞片和柔毛。雌雄异株，花序腋生，花单生于苞腋。雄花花萼红色，裂片 3，雄蕊多数。雌花萼片 5，被短柔毛。蒴果被灰色短柔毛。

(21) 水麻 *Debregeasia orientalis*

荨麻科湿生灌木。高 1.5~4m。小枝有贴生短毛。叶片长圆状披针形或线状披针形，叶柄长 0.3~1cm，托叶披针形，2 裂，背面有短柔毛。雌雄异株，花序生于去年生枝条和老枝叶腋，常2回二歧分枝。

(22)水芹 ***Oenanthe javanica***

伞形科湿生草本。茎匍匐上升或直立，中上部有分支。叶片1~2回羽状分裂。复伞形花序，伞辐6~15，小伞形花序有花20~30朵，萼齿披针形，花瓣白色。果实呈麦秆黄色。两个分生果的合生面紧贴，不易分离。

(23)小猪殃殃 ***Galium innocuum***

茜草科湿生草本。茎纤细，具4棱。也4~6枚轮生，倒披针形。聚伞花序顶生和腋生。花梗长1~8mm，花冠裂片3~4，卵形，雄蕊3。果近球形，光滑无毛，果柄长2~10mm。

(24)柳叶鬼针草 ***Bidens cernua***

菊科湿生草本。一年生草本。茎直立，圆柱形，具纵棱。叶对生，叶片狭披针形或披针状条形，先端渐尖，基部稍扩大并连合，半抱茎，边缘具稀疏的尖齿。

(25)鱼眼草 ***Dichrocephala integrifolia***

菊科湿生草本。叶片椭圆形或卵形，大头羽状分裂。叶柄长1~3cm，具极狭的翅。头状花序近球形，径3~5mm，排列成伞房状或伞房圆锥状花序。花序托半球形，顶端平。雌花花冠长卵形或壶状，常白色或淡黄色。瘦果边缘脉状加厚，冠无毛。

(26)沼菊 ***Enyra fluctuans***

菊科湿生草本。长20~80cm。茎圆柱形，粗2~8mm，上部被具节长柔毛，常具分枝，下部匍匐，节上生不定根。叶对生，基部抱茎，边缘具疏锯齿。头状花序单个顶生或腋生。总苞片4枚，交互对生，冠无毛。

(27)沼生橐吾 ***Ligularia lamarum***

菊科湿生草本。基生叶三角状箭形或卵状心形，叶脉掌状。头状花序10~20个，排成总状花序。苞片线形，常全缘。总苞钟形，总苞片8枚。舌状花常8朵，黄色，舌片狭长圆形。冠毛淡黄色。

(28)岩生千里光 ***Senecio wightii***

菊科湿生草本。茎直立。叶长圆形至线形。头状花序少数，排成伞房花序。总苞半球形，小歪苞片3~5，总苞片20~22。舌状花11~13，黄色，舌片长圆形。管状花黄色。瘦果圆柱形，无毛，舌状花无冠毛。

(29)虾须草 ***Sheareria nana***

菊科湿生草本。茎自基部多分枝，叶互生，疏离，叶片狭倒披针形或线形，叶柄近无。头状花序小，径2~4mm，有异型小花。花序托平，无托片。雌花花冠舌状，舌片常白色，两性花花冠管状。瘦果具3个狭翅，冠无毛。

(30)黄秦艽 ***Veratrilla baillonii***

龙胆科湿生草本。根粗壮，黄色。茎不分枝。基生叶莲座状，长圆状匙形，具叶柄，茎生叶基部半抱茎。圆锥状复聚伞花序。花单性，雌雄异株，花冠黄绿色，有紫色脉纹，基部具2个紫色腺斑。雄蕊着生于花冠裂片间弯曲处。蒴果卵圆形。种子周围具宽翅。

(31)睡菜 ***Menyanthes trifoliate***

睡菜科挺水植物。叶互生，小叶3，椭圆形，全缘，近无柄。总叶柄长4~20cm，下部扩大为膜质的宽鞘。总状花序，苞片绿色，花冠白色，长约1cm，内面密生长白毛。花柱花后明显伸长，宿存。果黄绿，近球形。

(32)金银莲花 *Nymphoides indica*

睡菜科浮叶植物。茎丛生，形似一叶柄，基部鞘状，顶生1叶，叶片漂浮，圆形，基部深心形，全缘。花多数簇生于叶柄基部，花梗细弱。花萼深裂至基部，花冠白色，边缘流苏状。蒴果卵形，具宿存花萼和花柱。

(33)荇菜 *Nymphoides peltata*

睡菜科浮叶植物。叶片漂浮，卵形或圆形，基部深心形，全缘。花3~5朵簇生叶腋。花萼5深裂，宿存，花冠黄色，浮于水上，裂片两侧边缘流苏状。果水下成熟，长卵形，具宿存花萼和花柱。种子周边具须状纤毛。

(34)过路黄 *Lysimachia christinae*

报春花科湿生草本。茎匍地延生，长20~60cm，基部有时节上生根，叶片和花被具黑色腺体。叶对生，卵圆形，长1~6cm，基部浅心形。花单生叶腋，花萼分裂近基部，边缘密生短纤毛，花冠黄色。

(35)穗花报春 *Primula deflexa*

报春花科湿生草本。叶片倒卵状长圆形，连叶柄长5~15cm，先端钝圆，基部渐狭，具齿和缘毛。叶柄长2~7cm，具狭翅。花葶高20~60cm，花序短穗状，多花。花萼坛状，长4~5mm。花冠蓝或紫。

(36)海仙报春 *Primula poissonii*

报春花科湿生草本。叶片倒卵状椭圆形至条状披针形，边缘具三角形齿牙，两面无毛。花葶1~2支，伞形花序2~6轮，每轮3~10朵花。花冠深红或紫红，冠筒口部黄色，花冠裂片先端2裂。

(37)半边莲 *Lobelia chinensis*

半边莲科湿生草本。高6~15cm，叶互生，排成2列，长椭圆形至披针形。花单生于上部叶腋，花少。萼裂片钻形，长2~4mm。花冠淡紫色或淡红色，裂片全部平展于下方，形成一个平面。蒴果倒锥状。

(38)铜锤玉带草 *Lobelia nummularia*

半边莲科湿生草本。有白色乳汁，茎平卧。叶互生，卵形，长0.8~1.6cm，叶柄长2~7mm。花单生叶腋。花萼筒坛状。花冠二唇形。雄蕊在花丝中部以上连合。果为浆果，紫红色，椭圆状球形。种子表面有小疣突。

(39)倒提壶 *Cynoglossum amabile*

紫草科湿生草本。茎密生贴伏短柔毛。基生叶长圆状披针形。花序集为圆锥状，无苞片。花萼裂片卵形或长圆形。花冠通常蓝色，喉部具5个梯形附属物。小坚果卵形，背面微凹，密生锚状刺，边缘锚状刺基部连合，呈翅状边。

(40)水茄 *Solanum torvum*

茄科湿生灌木。植株有刺，被尘土色星状毛。小枝疏具皮刺，皮刺淡黄色。叶单生或双生，卵形至椭圆形，边缘深裂或波状，裂片通常5~7。伞房花序腋外生，被腺毛或星状毛。萼杯状，端5裂。花冠辐状，白色，端5裂。浆果黄色，光滑无毛。种子盘状。

(41)假马齿苋 *Bacopa monnieri*

玄参科湿生草本。匍匐，多少肉质，无毛，体态极像马齿苋。叶无柄。花单生叶腋，萼片前后两枚卵状披针形，其余 3 枚披针形至条形。花冠呈不明显二唇形，上唇 2 裂。雄蕊 4，柱头头状。蒴果长卵形，包在宿存的花萼内，4 裂。种子椭圆状，黄棕色，表面具纵条棱。

(42) 石龙尾 *Limophila sessiliflora*

玄参科湿生草本或沉水植物。两栖，茎气生部分被多细胞短柔毛。沉水叶多裂，气生叶全部轮生，椭圆状披针形，密被腺点。花几无梗，单生于气生茎和沉水茎的叶腋。小苞片几无。花冠紫色蓝色或粉红色。蒴果近球形，两侧扁。

(43) 尖果母草 *Lindernia hyssopioides*

玄参科湿生草本。茎直立或稍弯曲上升。叶无柄，多少抱茎。叶片狭卵形至卵状披针形。花单生叶腋，有长梗。萼仅基部联合。萼齿 5，线状披针形。花冠上唇深 2 裂，下唇 3 裂，雄蕊 4。蒴果长卵圆形。

(44) 狭叶母草 *Lindernia micrantha*

玄参科湿生草本。一年生草本。叶几无柄，线状披针形，长 1～4cm。花单生于叶腋，有长梗，萼齿 5，仅基部联合。花冠上唇 2 裂，下唇开展，3 裂，雄蕊 4，全育。花柱宿存，形成细喙。蒴果线形。

(45) 通泉草 *Mazus pumilus*

玄参科湿生草本。基生叶呈莲座状或早落，叶片倒卵状匙形至倒披针形。总状花序顶生，花萼钟状，萼片与萼筒近等长，花冠上。唇裂片卵状三角形，下唇裂片倒卵状圆形。蒴果球形，种子黄色，种皮上有不规则的网纹。

(46) 匍生沟酸浆 *Mimulus bodinieri*

玄参科湿生草本。茎平卧或斜倚，单生或具短的分枝。叶片宽卵形。花少数，单生于茎枝顶端叶腋。花梗细弱，较叶长。花萼钟状，果萼膨大。萼齿 5，宽三角形。花冠黄色，唇瓣近相等，稍展开，花柱内藏，无毛，柱头 2 片状。蒴果倒卵形，种子近球形。

(47) 丹参花马先蒿 *Pedicularis salviiflora*

玄参科湿生草本。茎直立，中空，枝对生。叶对生，卵形。花序疏总状，萼长管状钟形，萼齿 5，花冠大，玫瑰红色，盔约与下唇等长，作镰状的弓曲，有长毛。花丝两队均无毛，花柱不伸出。蒴果卵圆形而稍扁。

(48) 北水苦荬 *Veronica anagallis－aquatica*

玄参科湿生草本。通常全体无毛，茎直立或基部倾斜。叶无柄多为椭圆形。花序比叶长，多花，花萼裂片卵状披针形，不紧贴蒴果，花冠裂片宽卵形，雄蕊短于花冠。蒴果近圆形。

(49) 水苦荬 *Veronica undulate*

玄参科湿生草本。茎、花序轴、花梗、花萼及蒴果均疏被头状腺毛。茎直立或基部平卧。叶无柄，叶片椭圆形至卵形。总状花序腋生，花萼 4 裂，裂片相等，与蒴果不贴生。花冠裂片宽卵形。蒴果近球形。

(50) 黄花狸藻 *Utricularia aurea*

狸藻科沉水植物。匍匐茎线形。叶器多数，主裂片长 3～4 枚近轮生。捕虫器常多数。花序直立，伸出水面。花梗线形，花期直伸，果期迅速反折。萼裂片近相等，果期张开并反折。花冠黄色，子房球形，有腺体。蒴果球形。种子多数，有 5 棱角，每棱有狭翅。

(51)挖耳草 ***Utricularia bifida***

狸藻科湿生草本。叶器生于匍匐枝上，狭线形。捕虫囊生于叶器及匍匐枝上，上唇具2条钻形附属物，下唇钝形，无附属物。花序直立，中部以上具1~16朵疏离的花，花梗具翅，花期直立，花后伸长并下弯，花萼2裂达基部。花冠黄色，二唇形。蒴果宽椭圆球形。

(52)过江藤 ***Phyla nodiflora***

马鞭草科湿生草本。有木质宿根，全体有紧贴丁字状短毛。叶近无柄，匙形，倒卵形至倒披针形。穗状花序腋生，苞片宽倒卵形，花萼膜质，花冠白色、粉红色至紫红色。雄蕊短小，不伸出花冠外。果淡黄色。

(53)水虎尾 ***Dysophylla stellate***

唇形科湿生草本。中部以上常具轮状分枝、叶4~8枚轮生，线形。穗状花序顶生或生于侧枝顶端，密集。苞片披针形，明显，花萼钟形，被灰色绒毛。花冠紫色。小坚果倒卵形，极小。

(54)思茅水蜡烛 ***Dysophylla szemaoensis***

唇形科湿生草本。茎上升，高22~30cm，具平伏糙硬毛。叶4枚轮生，线形。穗状花序长1.2~6cm，不间断，苞片线状披针形，因被灰色柔毛而呈灰紫红色。花冠淡紫色，约为萼长的2倍，雄蕊伸出。

(55)水香薷 ***Elsholtzia kachinensis***

唇形科湿生草本。柔弱平铺，叶卵圆形。穗状花序顶生，由具4~6花的轮伞花序组成，密集而偏向一侧。苞片阔卵形。花萼管状，萼齿5。花冠二唇形，雄蕊4，前对较长。小坚果长圆形，栗色。

(56)地笋 ***Lycopus lucidus***

唇形科湿生草本。根茎横走，先端肥大呈圆柱形。叶长圆状披针形，两面均无毛。轮伞花序无柄，圆球形，多花密集，花萼钟形，齿5，先端具刺尖头。花冠白色，长3mm，不明显二唇。前对雄蕊能育，后对雄蕊退化。小坚果倒卵圆状三棱形，具腺点。

(57)水筛 ***Blyxa japonica***

水鳖科沉水植物。茎分枝，全体绿褐色。叶茎生，无柄，线形，中肋明显。雌雄同株，花序腋生，佛焰苞管状，先端具2齿，有纵肋，宿存。花两性，萼片绿白色，线形，宿存。花瓣3，白色，线形，展开为钟状，1脉，雄蕊3。子房大部分为佛焰苞所包围，先端有喙。果长圆锥形。种子光滑。

(58)黑藻 ***Hydrilla verticillata***

水鳖科沉水植物。茎多分枝。叶3~5枚轮生，暗绿色带红褐色斑点和短条纹，透明，线状披针形。叶鞘内面有2枚膜质透明的长圆形鳞片。雄佛焰苞单生叶腋，每轮雄花数与叶数等同。佛焰苞合掌状，外面上部有锥形附属体，先端中部有1个小疣，最后张开放出1花。雌佛焰苞先端具2短齿，雌花无梗。

(59)水鳖 ***Hydrocharis dubia***

水鳖科浮叶植物或漂浮植物。具匍匐茎。叶漂浮，有的沉水，卵状心形，背面中部有一大片明显的海绵质漂浮气囊，鼓起。叶柄基部增粗，具宽的气孔带。佛焰苞淡绿色，透明，狭漏斗状。雄佛焰苞内含3花，先后开放，花瓣圆形，具爪。雌佛焰苞单花。花被同雄花，花瓣内面有1枚蜜腺。

(60)海菜花 *Ottelia acuminate*

水鳖科沉水植物。叶具柄，叶片长短随水深而变异很大。雌雄单性异株。佛焰苞无翅，具2~5棱。雄株佛焰苞喊雄花多数，雌株的含少数雌花。雄花萼片3，花瓣3，白色，基部1/3黄色，倒心形，具5~7纵褶，雄蕊12，退化雌蕊3，中央附属体白色，球形。雌花花柱3，退化雄蕊3。

(61)苦草 *Vallisneria natans*

水鳖科沉水植物。根状茎匍匐，扎根于泥土中。叶无柄，绿色，带状，长100~200cm。雌佛焰苞淡绿色，具黑色纵条纹，柄长到临近水面为度。花瓣膜质，细小。雄佛焰苞黄绿色，具黑褐色纵纹。雄花极多数，球形，径约0.2mm，花前由佛焰苞口部徐徐浮开，至水面后开放。

(62)东方泽泻 *Alisma orientale*

泽泻科湿生草本。叶基生，叶片绿色，椭圆形、卵形或卵状披针形。花序1~4，由叶丛中生出，圆锥花序具3~6轮分枝，轮生分枝常再分枝，最后的分枝具1至数轮的轮伞花序。花两性，具长1~2cm的细梗，萼片3，三角形，宿存，花瓣3，白色，倒卵状圆形，内面基部，先端平截有浅齿，平展，花柱长约0.5mm。

(63)眼子菜 *Potamogeton distinctus*

眼子菜科沉水植物。茎圆柱形，分枝。沉水叶互生，叶柄细长，长4~10cm，叶片绿褐色，膜质透明，线状长圆形，长8~12cm，宽1.2~2cm。浮水叶叶柄绿色，常粗壮，叶片淡绿色，周缘多为红褐色，坚纸质，长圆形，全缘，长6~12cm，宽3~6cm。

(64)菖蒲 *Acorus calamus*

天南星科湿生草本。叶基生，叶片剑状线形，长可达90~100(~150)cm，中部宽1~2(~3)cm，基部宽，对折抱茎，中部以上渐狭，草质，中肋明显隆起。花序柄三棱形，长15~50cm。叶状佛焰苞剑状线形，长30~40cm，肉穗花序斜向上或稍直立，狭锥状圆柱形。花黄绿色。

(65)浮萍 *Lemna minor*

浮萍科漂浮植物。叶状，对称，上面绿色，背面浅黄色、绿白色，或常为紫色，近圆形，倒卵形，倒卵状椭圆形，全缘，长1.5~5mm，宽2~3mm，背面垂生丝状根1条，根白色，长3~4cm，根冠钝头，根鞘无翅。叶状体背面一侧具囊，幼叶状体于囊内形成浮出，以极短的细柄与母体相连，随后脱落。

(66)水莎草 *Cyperus serotinus*

莎草科湿生草本。秆散生，高35~100cm。叶宽3~10mm，基部折合。苞叶通常3枚，长侧枝聚伞花序复出，具4~7个一级辐射枝，最长达16cm，每一穗状花序具5~17个小穗，小穗轴具白色透明的翅，鳞片两侧红褐色，5~7条脉。柱头2个，细长，具暗红色斑纹。

(67)野生稻 *Oryza rufipogon*

禾本科湿生草本。丛生或匍匐状，秆倾卧而漂浮或上升。叶舌三角形，长9~38mm，草质，急尖，有脉及小横脉，叶片线形。圆锥花序疏松收缩，长12~30cm，径1~7cm，小穗柄近轴面凹陷，长13mm，小穗倾斜着生于柄上。孕花外稃倒卵形至长圆形，长7~11mm，骨质，有浅沟及精细之网纹，被白硬毛。芒长2.5~8cm，粗壮。

任务 2 识别湿地动物

【任务目标】

1. 知识目标：知道主要湿地动物种类包括其学名、主要特征及功能。

2. 能力目标：识别出当地主要的湿地动物类群与动物种类。

3. 情感目标：树立湿地动物保护意识，尤其是国家重点保护湿地动物及当地特有的野生湿地物种，具有重要科学价值及重要经济、社会意义的物种。

【任务提出】

湿地生物多样性丰富，了解湿地动物区系，认识湿地动物种类，对湿地资源的保护、合理开发利用，以及当地各大江河生态系统的稳定和保护具有一定的作用。调查当地湿地重要的动物资源，列举当地常见的湿地动物种类，列出主要特征及功能。

【任务实施】

1. 到当地不同类型湿地进行湿地动物调查。

2. 资料查阅、鉴定与识别。

3. 各学习小组归类常见和重要的湿地动物，总结其特征与功能，并填写湿地动物调查表。

调查地点：__________ 人员：__________ 时间：__________

动物名称	主要特征	功能	备注

【任务评价】

<table>
<tr><th colspan="2">评价内容</th><th>分值</th><th>评价标准</th><th>组内赋分</th><th>组间赋分</th><th>教师赋分</th></tr>
<tr><td colspan="2">职业素养</td><td>20 分</td><td>1. 能充分利用资源自主学习
2. 调查认真，积极踊跃
3. 分工合作，团队合作意识强</td><td></td><td></td><td></td></tr>
<tr><td rowspan="2">内容</td><td>湿地动物种类</td><td>50 分</td><td>常见种类的准确性，文字表达简洁明了，准确专业的文字描述</td><td></td><td></td><td></td></tr>
<tr><td>动物特征与功能</td><td>30 分</td><td>重要湿地动物的特征及功能描述准确性与全面性，文字表达简洁明了</td><td></td><td></td><td></td></tr>
<tr><td colspan="4">总计得分</td><td></td><td></td><td></td></tr>
<tr><td colspan="4">综合得分</td><td colspan="3"></td></tr>
</table>

【知识准备】

湿地动物就是指能够适应水域环境或在水陆两种生存环境均能生存的动物种类。具体的湿地动物分为五类：①只在沼泽地觅食和繁殖；②在森林沼泽地带繁殖，但在其他地点觅食；③森林地带的种类，除了繁殖季节以外，长期觅食于沼泽；④既在沼泽又在其他生态系统繁殖和觅食，但更喜欢在非沼泽系统栖息；⑤只在迁徙季节在沼泽上短暂停留。

按湿地生态系统组成成分来分，湿地动物又可以分为湿地消费者和分解者。湿地消费者是指依靠绿色植物生存的各种湿地动物，分初级、次级和三级消费。初级消费者是直接以绿色植物为生的各种动物，如野兔、昆虫类等；次级消费者是各种以初级消费者为食的动物，如小型食肉类；三级消费者则是指能捕食小型食肉类和其他一切动物的大型食肉动物。湿地分解者，是指能分解有机质的各种微生物。

湿地动物起到维持湿地生态系统平衡和生物多样性的重要作用。生态系统中的各个环节是相互依存和制约的，而湿地动物是生物群落的重要组成部分，也是湿地生态系统的重要组成部分，它们一方面受湿地生态系统的制约而表现出对湿地环境的依赖和适应，另一方面又影响着湿地生态系统的发展和变化而表现出不同的生态功能。如湿地中的食肉类动物实际上起到了稀疏被食动物种群的作用，防止湿地被食动物数量的激增，可以说没有食肉动物，食草动物就会因种群暴增造成植被的退化，动物种群也不能健康发展；没有食草动物的啃食和刺激，湿地植被也不能得到新的生长空间，湿地生物群落的演替将逐步减慢，生物多样性也会下降。

湿地动物也是湿地生态系统健康的重要保障者。食虫类动物会控制湿地植被病虫害的发生；食腐动物和水生无脊椎动物会及时清除和分解死亡的生物个体，保证物质循环的顺利进行。

湿地动物在湿地环境监测中起到重要作用。如湿地鸟类是消费者顶极类群，是维持湿地生态平衡必不可少的生物类群。鸟类种类和数量变化可以很好地反映出湿地环境的变化过程。底栖动物为初级消费者优势类群，在食物链中占据承上启下的位置；底栖动物生活史中还往往具有短暂的浮游幼体，其对水质和底泥很敏感，在湿地生态系统中的地位很特殊，因此底栖动物常被用作湿地环境质量的指示生物。

生活在湿地环境中的动物有不少种类能够给人类带来财富，不仅能够满足人类食用需求，也能满足人类的观赏要求。如渔业是湿地赋予人类最宝贵的财富之一，中国有淡水鱼类 770 多种或亚种，其中包括许多洄游鱼类，它们借助湿地系统提供的特殊环境产卵繁殖。我国的珠江口南沙区域十九涌湿地的资源动物种类繁多，经济开发利用价值高。据初步统计，珠江口南沙地区有经济淡水鱼类 40 多种，其中鲥鱼、鳜鱼、黄唇鱼、鲑鱼、鳗鲡、鲈鱼、广东鲂、黄鳍鲷、卷口鱼等为名贵鱼，其他如罗非鱼、纺鱼、福寿鱼、边鱼、编鱼、黑珍珠石斑鱼也都为经济鱼类。湿地动物可以在人工养殖的前提下，适当开发利用，实现湿地动物的经济价值。

湿地动物种类不仅包括哺乳动物，也包括鸟类、两栖类、鱼类和水生无脊椎动物等种类。我国已记录到湿地兽类、鸟类、爬行类、两栖类动物 1 500 种左右，其中国家重点保护的共计 20 目 36 科 98 种，占上述四类动物总数的 13. 5%。其中有兽类 5 目 9 科 23 种，鸟类 10 目 18 科 56 种，爬行类 3 目 6 科 12 种，两栖类 2 目 3 科 7 种。主要湿地动物介绍如下。

1. 湿地兽类

我国湿地兽类有 31 种，隶属于 7 目 12 科，约占我国兽类总种数的 6.2%。与湿地两栖类和爬行类不同，湿地兽类的广布种成分较多。生活在水中或经常活动在河湖湿地岸边，如白鳍豚、江豚 、水獭、水貂等；适合潮湿多水生活条件，如麋鹿、大麝鼩、田鼠等；经常出没湿地的兽类，如川西北沼泽的獾、藏原羚，三江平原湿地的狼、黑熊、狍等。

(1) 水獭 *Lutra lutra*

为鼬科、水獭属动物。水獭躯体长，吻短，眼睛稍突而圆，耳朵小，四肢短，体背部为咖啡色，腹面呈灰褐色。水獭主要生活于河流和湖泊一带，尤其喜欢生活在两岸林木繁茂的溪河地带。大面积的沼泽地、低洼水地以及池塘，养鱼较多的山区也常有水獭活动。栖居于沿海咸、淡水交界地区的水獭，还常到海中捕鱼。因此，靠近海岸的一些小岛屿也有分布。

(2) 麋鹿 *Elaphurus davidianus*

因头脸像马、角像鹿、颈像骆驼、尾像驴，又名“四不像”，国家一级保护动物，鹿科麋鹿属动物。麋鹿宽大的蹄及蹄间有皮腱膜，适于在沼泽地活动；喜泡水和泥浴，生活于温暖潮湿泽地。喜平原、沼泽和水域。以禾本科、苔类及其他多种嫩草和树叶为食。

(3) 白鳍豚 *Lipotes vexillifer*

喙豚科，白鳍豚亚科白鳍豚属动物，中国特有的淡水鲸类，仅产于长江中下游。国家一级保护动物。白鳍豚喜在远离岸边的江心主流区活动，为疏人性豚类。在行动中有集群习性，常三五成群活动，偶尔也进入湖泊、支流与长江干流汇合处活动。白鳍豚是食肉动物，口中约有 130 个尖锐牙齿，为同型齿。以鱼虾为食，也吃少量的水生植物和昆虫。

(4) 沼泽田鼠 *Microtus fostis*

仓鼠科田鼠属动物，体长多不超过 150mm，尾很短，通常为体长之 1/3 或 1/4。主要栖息于沼泽、河湖漫滩或沿湖草甸中。以植物根茎为食。

(5) 水鹿 *Rusa unicolor*

鹿科鹿属动物。体型粗壮接近马鹿。成年雄鹿体高 130cm 左右，体长 130 ~ 140cm，体重 200 ~ 250kg。雌鹿较矮小。水鹿泪窝较大，鼻镜黑色，颈毛较长，尾端部密生蓬松的黑色长毛。被毛黑褐色，冬毛深灰色。有黑棕色背线，臀周围呈锈棕色，无臀斑。茸角为单门桩，眉枝。喜水，常活动于水边，栖息于阔叶林、混交林、稀树的草场和高草地带，清晨、黄昏觅食。

2. 湿地鸟类

湿地鸟类是湿地野生动物中最具有代表性的类群。根据居留型可分为夏候鸟、冬候鸟、留鸟和旅鸟 4 类。我国的湿地鸟类绝大部分为迁徙性鸟类，周期性往返于繁殖地和越冬地。我国共有湿地水鸟 12 目 32 科 271 种，主要由鹤类、鹭类、雁鸭类 、鸻鹬类、鸥类、鹳类等组成，此外尚有少量猛禽和鸣禽，其中有许多珍稀濒危物种。被列为国家重点保护的湿地鸟类共 10 目 18 科 56 种。其中，国家一级重点保护的有 12 种，被列为国家二级重点保护的共 44 种。在亚洲 57 种濒危鸟类中，中国湿地内就有 31 种，占 54%；全世界雁鸭类有 166 种，中国 湿地有 50 种，占 30%；全世界鹤类有 15 种，中国记录到 9 种，占 60%。此外，还有许多属于跨国迁徙的鸟类。

(1) 小白鹭 *Egretta garzetta*

鹭科白鹭属鸟类，为中型涉禽。体形纤瘦，全身白色，繁殖时枕部着生两条长羽，背、胸均披蓑羽。栖息于沼泽、稻田、湖泊或滩涂地。喜集群，常呈 3～5 只或 10 余只的小群活动于水边浅水处。常一脚站立于水中，另一脚曲缩于腹下，头缩至背上呈驼背状，长时间呆立不动。

(2) 小鸊鷉 *Podiceps ruficollis*

鸊鷉科小鸊鷉属的一种。因体形短圆，在水上浮沉宛如葫芦，故又名水葫芦。属于日间活动性的鸟类。除了繁殖期间外，夜晚通常停栖于隐秘的水塘或湖泊边的草丛中。营巢于沼泽、池塘、湖泊中丛生芦苇、灯心草、香蒲等地，多在山地小型水面。

(3) 黑颈鹤 *Grus nigricollis*

鹤科鹤属鸟类，大型涉禽，体长 110～120cm，体重 4～6kg。体羽灰白色，头部、前颈及飞羽黑色，尾羽褐黑色。头顶前方裸区呈暗红色，三级飞羽的羽片分散，当翅闭合时超过初级飞羽。栖息于海拔 2 500～5 000m 的高原的沼泽地、湖泊及河滩地带，是在高原淡水湿地生活的鹤类，是世界上唯一生长、繁殖在高原的鹤。杂食性，以植物的叶、根茎、荆三棱、块茎、水藻、玉米、砂粒为食，也吃昆虫、鱼、蛙以及农田中残留的作物种子等。

(4) 黑脸琵鹭 *Platalea minor*

鹮科琵鹭属鸟类，中型涉禽，体长 60～78cm。嘴长而直，黑色，上下扁平，先端扩大成匙状。脚较长，黑色，胫下部裸出。额、喉、脸、眼周和眼先全为黑色，且与嘴之黑色融为一体，其余全身白色。繁殖期间头后枕部有长而呈发丝状的黄色冠羽，前颈下部有黄色颈圈。栖息于内陆湖泊、水塘、河口、芦苇沼泽、水稻田、沿海及其岛屿和海边芦苇沼泽地带。

(5) 斑嘴鹈鹕 *Pelecanus philippensis*

鹈鹕科鹈鹕属鸟类，中等游禽。体长为 134～156cm，体重 5kg 以上。嘴长而粗，呈粉红的肉色，上下嘴的边缘具有一排蓝黑色的斑点。虹膜为白色或淡黄色，具有不明显的褐色。喉囊为紫色，脚为黑褐色。夏季的羽毛上体为淡银灰色，后颈的羽毛为淡褐色，较长而蓬松，像马鬃一样，到枕部则更为延伸，形成短的冠羽。飞羽主要为黑色，尖端色泽较淡。下体的羽毛为白色，腰部、两胁、肛周和尾下覆羽等处都缀有葡萄红色。冬季头部、颈部、背部的羽毛为白色；腰部、下背、两胁和尾下覆羽也是白色，但露出黑色的羽轴。翅膀和尾羽为褐色。下体均为淡褐色。栖息于沿海海岸、江河、湖泊和沼泽地带。

(6) 普通鸬鹚 *Phalacrocorax carbo*

鸬鹚科鸬鹚属鸟类。体长 72～87cm，体重大于 2kg。通体黑色，头颈具紫绿色光泽，两肩和翅具青铜色光彩，嘴角和喉囊黄绿色，眼后下方白色，繁殖期间脸部有红色斑，头颈有白色丝状羽，下胁具白斑。栖息于河流、湖泊、池塘、水库、河口及其沼泽地带。亦常停栖在岩石或树枝上晾翼。野生鸬鹚平时栖息于河川和湖沼中，夏季在近水的岩崖或高树上，或沼泽低地的矮树上营巢。性不甚畏人。常在海边、湖滨、淡水中间活动。

(7)苍鹭 *Ardea cinerea*

又称灰鹭，鹭科鹭属的大型涉禽。头、颈、脚和嘴均甚长，因而身体显得细瘦。上体自背至尾上覆羽苍灰色；尾羽暗灰色；两肩有长尖而下垂的苍灰色羽毛，羽端分散，呈白色或近白色。栖息于江河、溪流、湖泊、水塘、海岸等水域岸边及其浅水处，也见于沼泽、稻田、山地、森林和平原荒漠上的水边浅水处和沼泽地上。

(8)大麻鳽 *Botaurus stellaris*

鹭科麻鳽属的一种涉禽。身较粗胖，嘴粗而尖；颈、脚较粗短；头黑褐色；背黄褐色，具粗著的黑褐色斑点；下体淡黄褐色，具黑褐色粗著纵纹；嘴黄褐色；脚黄绿色。栖息于山地丘陵和山脚平原地带的河流、湖泊、池塘边的芦苇丛、草丛和灌丛、水域附近的沼泽和湿草地上。

(9)东方白鹳 *Ciconia boyciana*

鹳科鹳属的大型涉禽。国家一级保护动物。体态优美。嘴呈黑色，长而粗壮，仅基部缀有淡紫色或深红色。眼睛周围、眼线和喉部的裸露皮肤都是朱红色，眼睛内的虹膜为粉红色，外圈为黑色。身体上的羽毛主要为纯白色。翅膀宽而长，上面的大覆羽、初级覆羽、初级飞羽和次级飞羽均为黑色，并具有绿色或紫色的光泽。初级飞羽的基部为白色，内侧初级飞羽和次级飞羽的外除羽缘和羽尖外，均为银灰色，向内逐渐转为黑色。前颈的下部有呈披针形的长羽，在求偶炫耀的时候能竖直起来。腿、脚甚长，为鲜红色。主要栖息于开阔而偏僻的平原、草地和沼泽地带，特别是有稀疏树木生长的河流、湖泊、水塘，以及水渠岸边和沼泽地上，有时也栖息和活动在远离的居民区，具有岸边树木的水稻田地带。

(10)大天鹅 *Cygnus cygnus*

鸭科天鹅属的大型游禽。大天鹅全身的羽毛均为雪白的颜色，雌雄同色，雌略较雄小，全身洁白，仅头稍蘸棕黄色。虹膜暗褐色，嘴黑色，上嘴基部黄色，此黄斑沿两侧向前延伸至鼻孔之下，形成一喇叭形。嘴端黑色。跗蹠、蹼、爪亦为黑色。幼鸟全身灰褐色，头和颈部较暗，下体、尾和飞羽较淡，嘴基部粉红色，嘴端黑色。在繁殖期喜欢栖息在开阔的、食物丰富的浅水水域中，如富有水生植物的湖泊、水塘和流速缓慢的河流，特别是在针叶林带，最喜桦树林带和无林的高原湖泊与水塘，冬季则主要栖息在多草的大型湖泊、水库、水塘、河流、海滩和开阔的农田地带。

(11)赤麻鸭 *Tadorna ferruginea*

鸭科麻鸭属的中型游禽。全身赤黄褐色，翅上有明显的白色翅斑和铜绿色翼镜；嘴、脚、尾黑色；雄鸟有一黑色颈环。飞翔时黑色的飞羽、尾、嘴和脚、黄褐色的体羽和白色的翼上和翼下覆羽形成鲜明的对照。栖息于开阔草原、湖泊、农田等环境中，以各种谷物、昆虫、甲壳动物、蛙、虾、水生植物为食。

(12)绿头鸭 *Anas platyrhynchos*

鸭科鸭属的大型游禽。体长47~62cm，体重大约1kg，外形大小和家鸭相似。雄鸟嘴黄绿色，脚橙黄色，头和颈辉绿色，颈部有一明显的白色领环。上体黑褐色，腰和尾上覆羽黑色，两对中央尾羽亦为黑色，且向上卷曲成钩状；外侧尾羽白色。胸栗色。翅、两胁和腹灰白色，具紫蓝色翼镜，翼镜上下缘具宽的白边，飞行时极醒目。雌鸭嘴黑褐色，嘴端暗棕黄色，脚橙黄色和具有的紫蓝色翼镜及翼镜前后缘宽阔的白边等特征。通常栖息于淡水湖畔，亦成群活动于江河、湖泊、水库、海湾和沿海滩涂盐场等水域。

（13）普通秋沙鸭 *Mergus merganser*

鸭科秋沙鸭属鸟类。体长54～68cm，体重最大可达2kg。雄鸟头和上颈黑褐色而具绿色金属光泽，枕部有短的黑褐色冠羽，使头颈显得较为粗大。下颈、胸以及整个下体和体侧白色，背黑色，翅上有大型白斑，腰和尾灰色。雌鸟头和上颈棕褐色，上体灰色，下体白色，冠羽短，棕褐色，喉白色，具白色翼镜。主要栖息于森林和森林附近的江河、湖泊和河口地区，也栖息于开阔的高原地区水域。在非繁殖季主要栖息于大的内陆湖泊、江河、水库、池塘、河口等淡水水域，偶尔到海湾、河口及沿海潮间地带。

（14）普通秧鸡 *Rallus aquaticus*

秧鸡科秧鸡属的鸟类。普通秧鸡成鸟两性相似。额、头顶至后颈黑褐色，羽缘橄榄褐色；背、肩、腰、尾上覆羽橄榄褐色，缀以黑色纵纹。眉纹灰白色，穿眼纹暗褐色。飞羽暗褐色，初级飞羽上无白色横纹。外侧翅上覆羽橄榄褐色，羽端微具白色斑纹或端斑。颏白色，头侧至胸石板灰色，两胁和尾下覆羽黑褐色有白色横纹。腹中央灰黑色，有淡褐色的羽端斑纹。雌鸟体羽颜色较暗，颏和喉均为白色，头侧和颈侧的灰色面积较小。栖于水边植被茂密处、沼泽及红树林。

（15）白骨顶鸡 *Fulica atra*

属鹤秧鸡科骨顶属鸟类。中型游禽，体羽全黑或暗灰黑色，多数尾下覆羽有白色，上体有条纹，下体有横纹。两性相似，具白色额甲，趾间具瓣蹼。嘴长度适中，高而侧扁。头具额甲，白色，端部钝圆。趾均具宽而分离的瓣蹼。尾端方形或圆形，常摇摆或翘起尾羽以显示尾下覆羽的信号色。通常腿、趾均细长，有后趾，用来在漂浮的植物上行走，趾两侧延伸成瓣蹼用来游泳。栖息于低山丘陵和平原草地、甚至荒漠与半荒漠地带的各类水域中，其中尤以富有芦苇、三棱草等水边挺水植物的湖泊、水库、水塘、苇塘、水渠、河湾和深水沼泽地带最为常见。

（16）白胸苦恶鸟 *Amaurornis phoenicurus*

属秧鸡科苦恶鸟属鸟类，中型涉禽。头顶、枕、后颈、背和肩呈暗石板灰色，蘸橄榄褐色，并微着绿色光辉。两颊、喉以至胸、腹均为白色，与上体形成黑白分明的对照。下腹和尾下覆羽栗红色。成鸟两性相似。两翅和尾羽橄榄褐色，虹膜红色。嘴黄绿色，上嘴基部橙红色。腿、脚黄褐色。栖息于长有芦苇或杂草的沼泽地和有灌木的高草丛、竹丛、湿灌木、水稻田、甘蔗田中，以及河流、湖泊、灌渠和池塘边。

（17）凤头麦鸡 *Vanellus vanellus*

鸻科属麦鸡的中型涉禽。凤头麦鸡雄鸟夏羽额、头顶和枕黑褐色，头上有黑色反曲的长形羽冠。眼先、眼上和眼后灰白色和白色，并混杂有白色斑纹。眼下黑色，少数个体形成一黑纹。耳羽和颈侧白色，并混杂有黑斑。飞羽黑色，最外侧三枚初级飞羽末端有斜行白斑，肩羽末端蘸紫色。尾上覆羽棕色，尾羽基部为白色，端部黑色并具棕白色或灰白色羽缘，外侧一对尾羽纯白色。颏、喉黑色，胸部具宽阔的黑色横带，前颈中部有一黑色纵带将黑色的喉和黑色胸带连接起来，下胸和腹为白色。尾下覆羽淡棕色，腋羽和翼下覆羽纯白色。栖息于低山丘陵、山脚平原和草原地带的湖泊、水塘、沼泽、溪流和农田地带。

(18)金眶鸻 *Charadrius dubius*

鸻科鸻属的小型涉禽。全长约16cm，头顶后部和枕灰褐色，眼先、眼周和眼后耳区黑色，并与额基和头顶前部黑色相连。眼睑四周金黄色。后颈具一白色环带，向下与颏、喉部白色相连，紧接此白环之后有一黑领围绕着上背和上胸，其余上体灰褐色或沙褐色。栖息于开阔平原和低山丘陵地带的湖泊、河流岸边以及附近的沼泽、草地和农田地带，也出现于沿海海滨、河口沙洲以及附近盐田和沼泽地带。

(19)泽鹬 *Tringa stagnatilis*

鹬科鹬属的小型涉禽。全长约23cm。上体灰褐色，腰及下背白色，尾羽上有黑褐色横斑。前颈和胸有黑褐色细纵纹，额白。下体白色。虹膜暗褐色，嘴长，相当纤细，直而尖。颜色为黑色，基部绿灰色，脚细长，暗灰绿色或黄绿色。栖息于湖泊、河流、芦苇沼泽、水塘、河口和沿海沼泽与邻近水塘和水田地带。

(20)普通翠鸟 *Alcedo atthis*

翠鸟科翠鸟属小型鸟类。上体金属浅蓝绿色，体羽艳丽而具光辉，头顶布满暗蓝绿色和艳翠蓝色细斑。眼下和耳后颈侧白色，体背灰翠蓝色，肩和翅暗绿蓝色，翅上杂有翠蓝色斑。喉部白色，胸部以下呈鲜明的栗棕色。颈侧具白色点斑；下体橙棕色，颏白。雄鸟上嘴黑色，下嘴红色。虹膜—褐色；嘴—黑色(雄鸟)，下颚橘黄色(雌鸟)；脚红色。主要栖息于林区溪流、平原河谷、水库、水塘、甚至水田岸边。

(21)白顶溪鸲 *Chaimarrornis leucocephalus*

鸫科白顶溪鸲属鸟类，头顶及颈背白色，腰、尾基部及腹部栗色，雄雌同色，虹膜暗褐色；嘴、跗蹠、趾及爪等均黑色。常栖于山区河谷、山间溪流边的岩石上、河川的岸边、河中露出水面的巨大岩石间，有时亦见于山谷或干涸的河床上。

(22)红尾水鸲 *Rhyacornis fuliginosus*

鸫科水鸲属的小型鸟类，雄鸟通体大都暗灰蓝色；翅黑褐色；尾羽和尾的上、下覆羽均栗红色。雌鸟上体灰褐色；翅褐色，具两道白色点状斑；尾羽白色、端部及羽缘褐色；尾的上、下覆羽纯白；下体灰色，杂以不规则的白色细斑。活动于山泉溪涧中或山区溪流、河谷、平原河川岸边的岩石间、溪流附近的建筑物四周或池塘堤岸间。

3. 湿地爬行类

湿地里栖息的爬行纲主要包括龟鳖目(Testudoformes)、蜥蜴目(Lacertiformes)，蛇目(Serpentiformes)3个主要目。爬行动物是真正的陆生脊椎动物，体表有角质鳞片或甲来防止水分蒸发、防御外部侵害，其中有许多水栖种类，如龟、鳖、蛙及某些水蛇。在我国已知412种爬行动物中，有3目13科49属122种属于湿地野生动物，其中国家重点保护种类有3目6科12种。

(1)扬子鳄 *Alligator sinensis*

短吻鳄科短吻鳄属动物，中国特有种，分布在长江流域。扬子鳄身长1~2m，头部扁平，吻突出，四肢粗短，前肢5指，后肢4趾，趾间有蹼爬行和游泳都很敏捷。尾长而侧扁，粗壮有力，在水里能推动身体前进，又是攻击和自卫的武器。头部相对较大，鳞片上具有更多颗粒状和带状纹路，眼睛呈土色。体重约为36kg。栖息在湖泊、沼泽的滩地或丘陵山涧长满乱草蓬蒿的潮湿地带。

(2)中华鳖 *Trionyx sinensis*

鳖科中华鳖属动物。体长30cm左右。体躯扁平，呈椭圆形，背腹具甲；通体被柔软的革质皮肤，无角质盾片。体色基本一致，无鲜明的淡色斑点。头部粗大，前端略呈三角形。吻端延长呈管状，具长的肉质吻突。口无齿，脖颈细长，呈圆筒状，伸缩自如，视觉敏锐。背甲暗绿色或黄褐色，周边为肥厚的结缔组织，俗称“裙边”。腹甲灰白色或黄白色，平坦光滑，有7个胼胝体，分别在上腹板、内腹板、舌腹板与下腹板联体及剑板上。尾部较短。四肢扁平，后肢比前肢发达。前后肢各有5趾，趾间有蹼。内侧3趾有锋利的爪。四肢均可缩入甲壳内。生活于江河、湖沼、池塘、水库等水流平缓、鱼虾繁生的淡水水域，也常出没于大山溪中。

(3)云南闭壳龟 *Cuora yunnanensis*

属地龟科闭壳龟属爬行动物。壳长140 mm左右。头中等，头背皮肤光滑。上颚不钩曲。背甲较低，具三棱，脊棱强。腹甲大，前缘圆，后缘凹入。背棕橄榄色或奶栗壳色，边缘及棱有时为黄白色。腹棕色或浅黄橄榄色，边缘黄白色，鳞缝暗黑色或腹黄橄榄色，在各腹盾上，有浅红棕色污斑。栖息地为海拔2 000~2 260 m的高原湿地。国家二级保护动物。

(4)山瑞鳖 *Palea steindachneri*

外形呈圆形与俗称“甲鱼”的中华鳖十分相似；山瑞鳖较为肥厚，体积比一般的中华鳖大很多，头较中华鳖而言更为尖细，且头两侧背甲外缘有疣粒。生活于山地的河流和池塘中，以水栖小动物为食、软体动物、甲壳动物和鱼虾等为食。

(5)玳瑁 *Eretmochelys imbricata*

属海龟科玳瑁属的海洋动物。一般长约0.6m，大者可达1.6m。头顶有两对前额鳞，吻部侧扁，上颚前端钩曲呈鹰嘴状；前额鳞2对；背甲盾片呈覆瓦状排列；背面的角质板覆瓦状排列，表面光滑，具褐色和淡黄色相间的花纹。四肢呈鳍足状。前肢具2爪。尾短小，通常不露出甲外。生活在亚洲东南部和印度洋等热带和亚热带海洋中。主要栖息于沿海的珊瑚礁、海湾、河口和清澈的潟湖，相对较浅的水域。筑巢通常发生在偏远、孤立的沙滩。

(6)虎斑颈槽蛇 *Rhabdophis tigrinus*

游蛇科颈槽蛇属动物。体长约0.8m左右。体重一般为200~400g。颈背有一明显颈槽，枕两侧有一对粗大的黑色斑块。背面翠绿色或草绿色，有方形黑斑，颈部及其后一段距离的黑斑之间为鲜红色；腹面为淡黄绿色。下唇和颈侧为白色。生活于山地、丘陵、平原地区的河流、湖泊、水库、水渠、稻田附近。以蛙、蟾蜍、蝌蚪和小鱼为食，也吃昆虫、鸟类、鼠类。

(7)中国水蛇 *Enhydris chinensis*

游蛇科水蛇属的爬行动物。长50~70cm。头小肚大，背面暗灰棕色，有不规则小黑点，腹面淡黄色，有黑斑，尾部略侧扁。全长达700 mm。背面土黄色，散以略成纵行的黑点，两侧第一行背鳞黑色，第二、三行背鳞白色；腹面黄色，每一腹鳞的前缘有黑斑。一般生活于平原、丘陵或山麓的流溪、池塘、水田或水渠内。

（8）网纹蟒 *Reticulated python*

蟒科蟒属的大型爬行动物，世界最长的蟒蛇。缠绕力非常强大，体型细长。上唇鳞有凹陷的唇窝。头部有三条黑细纹，一条在头部正中，另两条由两眼延伸到嘴角，身体背部为灰褐色或黄褐色，有复杂的钻石型黑褐色及黄或浅灰色的网状斑纹花纹，故得其名。独居于热带雨林、林地、草地及泥沼环境中。

4. 湿地两栖类

两栖类是由水生向陆生过渡的一个中间类型，在身体结构、功能和个体发育上都表现出尚不能完全适应陆地生活的特征，除由于皮肤缺乏防止体内水分蒸发的结构，只能生活在淡水和比较潮湿的环境中保持体表湿润外，繁殖时期受精和幼体发育仍在水中进行，孵出的幼体还必须在水中生活；有的种类甚至终生在水里生活，我国目前共有两栖类动物 370 种，全部归入湿地动物。

（1）黑眶蟾蜍 *Bufo Melanostictus*

蟾蜍科蟾蜍属动物。个体较大，雄蟾体长平均 63mm，雌蟾为 96mm。头部吻至上眼睑内缘有黑色骨质脊棱。皮肤权粗糙，除头顶部无疣，其他部位布满大小不等的疣粒。耳后腺较大，长椭圆形。腹面密布小疣柱。所有疣上有黑棕色角刺。体色一般为黄棕色，有不规则的棕红色花斑。腹面胸腹部的乳黄色上有深灰色花斑。

（2）中华蟾蜍 *Bufo gargarizans*

蟾蜍科蟾蜍属动物。长约 100mm 左右。头背光滑无疣粒，体背瘰粒多而密，腹面及体侧一般无土色斑纹。雄体通常体背以黑绿色、灰绿色或黑褐色为主，雌体色浅；体侧有深浅相同的花纹；腹面为乳黄色与黑色或棕色形成的花斑。一般生活于阴湿的草丛中、土洞里以及砖石下等。

（3）哀牢蟾蜍 *Bufo ailaoanus*

头宽大长，吻端钝圆，向上唇正中前面倾斜，前端微突出于下颌；吻棱明显，颊、颗部和眼下均明显向外倾斜；鼻孔高，位近吻端；无鼓膜、无耳柱骨和咽鼓管；无犁骨齿，四肢细弱。前臂及手长微超过体长之半；指细长。皮肤粗糙。背面具密布而均匀的小疣粒，其间散布小瘰粒。腹面浅黄色，雌性喉部色浅，雄性多少稍带雾状暗斑，其余胸腹和四肢腹面具暗色斑纹约占 1/3。穴居在泥土中，或栖于石下及草间，成蟾在水底泥土或烂草中冬眠。

（4）云南小狭口蛙 *Calluella yunnanensis*

姬蛙科小狭口蛙属的小型两栖动物。头宽大于头长，吻短而圆，不超出下颌；吻棱不显，上颌具齿；具鼓膜；皮肤较光滑。背部具疣粒，或呈狭长细疣，平行排列；口角后及肩部前方的腺体发达。生活时背部土棕色，镶有米黄色细边的深棕色斑纹对称分布其上，始自两眼间，呈倒置三角状，后端在枕部分叉，向两侧斜行至胯部，断续不一，体侧各有一条与之平行的深色斜纵纹；胯部有一对醒目的深色眼点状斑；四肢均有横纹。多见于山区水域附近。

（5）斑腿泛树蛙 *Polypedates megacephalus*

为树蛙科泛树蛙属的两栖动物。体色淡棕色，身体背部为浅棕色，腹面满布颗粒状扁平疣；颜色变异大，随环境条件而异，可由浅赭黄色到深棕色。体色淡棕色，身体背部为浅棕色，有数条深色纵纹，或“X”形深色斑。股部后方和泄殖孔周围有黄、紫、棕等色形成的网状斑纹，故称斑腿泛树蛙。常在水塘边的灌丛和草丛中活动，在稻田里也有。

(6)棕褶树蛙 *Rhacophorus feae*

头顶平，头长宽相等；吻棱显著；鼓膜明显，犁骨齿发达，略呈弧状。指、趾末端有吸盘及横沟，指蹼极发达，趾间满蹼。皮肤较粗糙。生活时体背及四肢背面暗绿色，头顶及头后杂有棕色斑点，体背及体侧无斑点；腹面褐色间以不规则深褐色斑纹。栖息于海拔1 000m左右的山区、半山区的溪流。

(7)黑点泛树蛙 *Polypedates nigropunctatus*

体较小，头长与宽几相等；吻端斜尖，超出下颌，吻棱明显；鼓膜圆形。指间微具蹼，趾间蹼不发达。皮肤平滑，生活时背部绿色，杂有稀疏小黄点，体侧及股前后方有圆形或长形黑斑，腹面灰白色，咽喉部为灰黑色。雄蛙有单咽下内声囊及雄性线。蝌蚪背面近黑色，腹面白色。多生活于山区水塘及水坑等湿地。

(8)黑耳蛙 *Rana nigrotympanica*

为蛙科蛙属的两栖动物。体细长，头长大于头宽；吻端钝圆而略尖，吻棱明显；指端吸盘扁平，吸盘上的横沟不清晰；趾端均有吸盘，横沟清晰。皮肤光滑，后肢背部小痣粒排列成行；细肤棱清晰。鼓膜处有极显著的黑棕色三角形斑；腹面白色，胸部两侧具有不明显的成团小黑点。栖息于急流水沟之内。

(9)虎纹蛙 *Hoplolatrachus rugulosus*

蛙科虎纹蛙属两栖类动物。体长可超过12cm，体重250~500g。皮肤较为粗糙，头部及体侧有深色不规则的斑纹。背部呈黄绿色略带棕色，有十几行纵向排列的肤棱，肤棱间散布小疣粒。腹面白色，也有不规则的斑纹，咽部和胸部还有灰棕色斑。前后肢有横斑。由于这些斑纹看上去略似虎皮，因此得名。趾端尖圆，趾间具全蹼。常生活于丘陵地带海拔900m以下的水田、沟渠、水库、池塘、沼泽地等处，以及附近的草丛中。国家二级保护动物。

(10)云南臭蛙 *Odorrana andersonii*

蛙科臭蛙属动物。头部较平扁，吻端钝圆；吻棱较明显，颊部略向外倾斜，颊面凹入；前肢强壮，指较长而略扁；指端略扩大呈吸盘。背面皮肤较粗糙、满布细褶和凹凸不平的细颗粒或有疣粒。生活时体色随环境变化多为暗绿色，散有黑褐色的铜钱花斑或斑点，或连成不规则的网状斑纹；体侧有不规则、大小不等或彼此串联成深色斑块，唇缘有深浅相间的褐色纵纹5~7条，四肢黑褐横纹明晰，腹面灰黄色，股腹面有大斑点；股后下方及肛两侧以及跗足背面为橙黄色，掌蹠面紫灰色。常伏于山间溪流岸边石上或草丛中，受惊扰时即跳入水中。

(11)峨眉齿蟾 *Oreolalax omeimontis*

锄足蟾科齿蟾属的两栖动物，是中国的特有物种。雄蟾体长约51mm，雌蟾体长56mm左右。头扁平，宽略大于长；吻端圆；瞳孔纵置。皮肤粗糙，背部密布疣粒；腹面光滑。体背灰棕色或棕褐色，眼间有“?”形斑；腹面紫灰色。四肢背面有明显的横纹。雄蟾胸部疣1对黑刺团。我国特有，仅分布在四川峨眉、洪雅，栖息在海拔1 050~1 800m的山区溪流附近，以苔藓、腐殖质为食。

(12) 白颌大角蟾 *Megophrys lateralis*

为角蟾科角蟾属的两栖动物。体型大，雄蟾体长 58～68mm，雌 74～80mm。头宽略大于头长；吻部向前突出，显著超过下颌；吻棱呈菱角状；颊部几垂直，颊区微凹入。前肢强壮，指长呈棒状，端部略呈球状；第三指最长；通体背面皮肤较光滑，散布有极小的痣粒，痣粒顶部有白色或黑色角质颗粒；背部的痣纹均为棕色；体侧腺疣多为鲜黄色，或前缘或后缘为棕黑色；肛下至股外侧下半部、胫外侧多呈云状斑纹，斑纹边缘界限清晰；附足底部为棕黑色。下颌缘有许多以浅色为核心、以灰黑色镶边的斑纹；咽喉部位、胸部、腹前部散布有灰黑色斑纹；后腹部、股腹面为肉红色，或为浅黄色。分布于海拔范围为 1 400～2 100m。一般生活于阔叶林山溪，雄蟾能发出洪亮的"咯—咯"声。夜间静伏在溪旁石块上，跳跃能力极强。

(13) 哀牢髭蟾 *Vibrissaphora ailaonica*

角蟾科髭蟾属动物。俗称"胡子蛙"，头宽而扁平；吻端圆，吻棱显著。眼球上半灰黄色，下半为浅蓝色，眼内虹彩的颜色上半部为蓝色，下半部为黑色。前肢长，指粗，末端呈球形。头体背面皮肤满布短而杂乱彼此相连的肤棱，形若网状，体后部有少数稍大而圆的瘰粒。背面紫灰棕色，有许多小黑斑点，后肢横纹显著，前肢横纹不明显，后肢前伸时胫跗关节达眼后角；腹面乳白色，满布黑碎云斑；指、趾末端米黄色。非繁殖的成体营陆地生活，繁殖期进入水中，产卵于水质清澈，水流平缓的溪流中。

(14) 红蹼树蛙 *Rhacophorus rhodopus*

树蛙科树蛙属小型蛙类，中国特有种。体扁平，胯部甚细；头长大于头宽；吻端尖出；鼓膜显著。舌窄长，后端缺刻深。瞳孔横置，可成窄线状。指端均有吸盘及横沟；背部皮肤平滑，胸腹及股下方满布小圆扁疣。生活时背部为红棕色，上有不明显的深色斑纹，一般背部有一深棕色"×"斑，背部后端有几条深色横纹；体侧亮黄色；胯部、股外侧为橘黄色；四肢上有深色横纹；趾间蹼为猩红色；腹面为黄色。多在水沟、山箐、水塘活动。

(15) 华西雨蛙 *Hyla annectans*

雨蛙科雨蛙属小型两栖类。雄蛙体长 34～38mm，雌蛙 39～43mm。吻宽圆而高，吻棱明显。指端有吸盘和马蹄形横沟。背面皮肤光滑，腹面遍布扁平疣。生活时背面绿色，头侧有紫灰及金黄条纹。股前后方及跗庶内侧具黑色斑点，1～5 枚不等。腹面乳白色。栖息于海拔 750～2 400m 稻田地区和水塘。

(16) 红瘰疣螈 *Tylototriton shanjing*

蝾螈科疣螈属两栖类。头部平扁，两侧脊棱显著隆起，无唇褶，体两侧各有 1 排球形瘰粒 14～16 粒。彼此分界明显。背面棕黑色；头部、四肢、尾部以及背脊棱和瘰疣部位均为棕红色或棕黄色。生活在海拔 1 000～2 400m 林木繁茂、杂草丛生及其水稻田附近的山区。成体营陆栖生活。非繁殖期多栖息在林间草丛下或阴湿环境中。

(17) 版纳鱼螈 *Ichthyophis bannanicus*

鱼螈科鱼螈属两栖类。蚓螈目体形似蚯蚓，头、颈区分不明显，四肢和带骨均退化消失，体表富有黏液腺，身体有些部位有鳞片的残余。无四肢，运动靠身体的环褶收缩。由于长期适应穴居，眼睛退化，仅可见点状残迹。栖息于海拔 200～600m 的林木茂密的土山地区，喜居水草丛生的山溪和土地肥沃的田边池畔，营穴居生活。

5. 湿地鱼类

鱼类是湿地脊椎动物中种类最多、数量最大的生物类群，也是最重要的湿地野生动物资源之一，由于对水体环境的敏感性，鱼类还被认为是湿地生态系统的重要指示物种之一。我国大部分河流湿地、湖泊湿地和海岸湿地，水温适中，光照条件好，水生生物资源丰富，为鱼类提供丰富的饵料，因此鱼类种类多，经济价值高。我国鱼类约有 3 000 种，其中湿地中鱼类有 1 000 余种，占全国鱼类种类 1/3。湿地鱼类由内陆湿地鱼类、近海海洋鱼类、河口半咸水鱼和过河口洄游性鱼类构成。

(1) 昆明裂腹鱼 *Schizothorax grahami*

昆明裂腹鱼体延长，稍侧扁；背缘隆起。头锥形，吻略尖，口下位；须两对，约等长；体被细鳞，排列不整齐；自腹鳍基部后缘至臀鳍基部后缘具较大而明显的鳞片并形成明显裂腹。侧线完全，近直形，后伸入尾柄之正中。体背呈青灰色或青蓝色或具少许黑褐色斑点，腹部银白色或浅黄色；背鳍、胸鳍、腹鳍、均呈青灰或浅黄色，尾鳍呈浅红色。栖息于峡谷或流速较高的河流中，为冷水性底层鱼类。

(2) 中甸叶须鱼 *Ptychobarbus chungtienensis chungtienensis*

中国云南高原特有种。体延长，近圆筒形或略侧扁。吻端钝圆。身体背部及侧部被细鳞，整个胸腹面裸露无鳞。腹鳍基外侧各有一明显的腋鳞，成体在肛门一臀鳍基两侧各有一列大型臀鳞。侧线完全，近直。身体背侧蓝灰色或灰褐色，腹部灰白或淡黄，背部及两侧密布黑色星状细斑。适应青藏高原高海拔低水温的环境，喜欢栖息于湖水的底层，很少到水的表层活动，是裂腹鱼亚科中较为特化的一个类群。

(3) 滇池金线鲃 *Sinocyclocheilus grahami*

云南特有种。体长 210mm，重约 250g。侧扁，头后背缘隆起。吻尖。须 2 对，口角须较长。鳞小，呈圆形，覆瓦状排列，侧线鳞稍大，约 70 枚。全身被鳞，呈覆瓦状。鳞圆形，侧线鳞较上下鳞大，游动时，在阳光下，褶褶闪光，金线鱼的名称由此而来。侧线完全，头背部及侧线上下有不规则的黑色斑块，疏密程度因个体而异。散居于湖泊深水处。喜清泉流水，营半穴居生活。

(4) 胭脂鱼 *Myxocyprinus asiaticus*

体侧扁，背部在背鳍起点处特别隆起。头短，吻圆钝。口下位，呈马蹄状。唇发达，上唇与吻褶形成一深沟。下唇翻出呈肉褶，唇上密布细小乳状突起无须。尾柄短，尾鳍深叉形，下叶长于上叶。背鳍无硬刺，基部很长，延伸至臀鳍基部后上方。臀鳍短，尾柄细长，尾鳍叉形。鳞大呈圆形，侧线完全。生活在长江流域及湖泊中，幼鱼喜集群于水流较缓的砾石间，多活动于水体上层，亚成体则在中下层，成体喜在江河的敞水区，其行动迅速敏捷。

6. 水生无脊椎动物

水生无脊椎动物是一个庞大的动物类群，大部分为海产，常见的淡水动物为原生动物、轮虫类、枝角类、桡足类和甲壳类。按生态习性大体可分为浮游动物和底栖动物两

大类。

浮游动物是一类经常在水中浮游，本身不能制造有机物的异养型无脊椎动物和脊索动物幼体的总称，在水中营浮游性生活的动物类群。它们或者完全没有游泳能力，或者游泳能力微弱，不能作远距离的移动，也不足以抵拒水的流动力。浮游动物的种类极多，从低等的微小原生动物、腔肠动物、栉水母、轮虫、甲壳动物、腹足动物等，到高等的尾索动物，其中以种类繁多、数量极大、分布又广的桡足类最为突出。此外，也包括阶段性浮游动物，如底栖动物的浮游幼虫和游泳动物（如鱼类）的幼仔、稚鱼等。浮游动物在水层中的分布也较广。无论是在淡水，还是在海水的浅层和深层，都有典型的代表。常见的浮游动物包括甲壳类、桡足类、轮虫类、水母类、枝角类、水生昆虫和毛颚类动物等。

底栖动物是指生活史的全部或大部分时间生活于水体底部的水生动物群。除定居和活动生活的以外，栖息的形式多为固着于岩石等坚硬的基体上和埋没于泥沙等松软的基底中。此外，还有附着于植物或其他底栖动物的体表的，以及栖息在潮间带的底栖种类。底栖动物是一个庞杂的生态类群，其所包括的种类及其生活方式较浮游动物复杂得多，常见的底栖动物有软体动物门的腹足纲的螺和瓣鳃纲的蚌、河蚬等；环节动物门寡毛纲的水丝蚓、尾鳃蚓等，蛭纲的舌蛭、泽蛭等，多毛纲的沙蚕；节肢动物门昆虫纲的摇蚊幼虫、蜻蜓幼虫、蜉蝣目稚虫等，甲壳纲的虾、蟹等；扁形动物门涡虫纲等。

项目 3　保护与管理湿地

任务 1　湿地保护与恢复

【任务目标】

1. 知识目标：知道保护湿地的原因及我国湿地保护面临的问题；知道湿地恢复的模式及流程。

2. 能力目标：能够根据提供的资料，分析某一湿地的现状，有针对性地提出保护与恢复的建议。具备“分析现状—发现问题—找出原因—提出建议”的科学思路。

3. 情感目标：树立湿地保护意识，自觉成为湿地保护与宣传的传播者。

【任务提出】

湿地保护与恢复行动计划制订时，首先需要对湿地进行现状分析，找到湿地退化的影响因素，明确保护与恢复目标，然后根据湿地具体情况制订保护与恢复行动计划和有针对性的恢复措施。按所给定的某一湿地，通过资料收集，以小组为单位进行讨论，以“分析现状—发现问题—找出原因—提出建议”的程序，提交一份湿地保护与恢复行动计划。

【任务实施】

1. 资料收集，包括纸质材料，网络资源，图片视频等。

2. 以小组为单位，选择当地任意湿地通过分析资料—找到影响因素—确定保护与恢复目标—制订行动计划等步骤，制作湿地保护与恢复的行动计划。

【任务评价】

<table>
<tr><th colspan="2">评价内容</th><th>分值</th><th>评价标准</th><th>组内赋分</th><th>组间赋分</th><th>教师赋分</th></tr>
<tr><td colspan="2">职业素养</td><td>30</td><td>1. 讨论认真，积极踊跃
2. 分工合作，团队意识强
3. 主观能动性强，自主学习认真</td><td></td><td></td><td></td></tr>
<tr><td rowspan="3">内容</td><td>资料分析</td><td>20</td><td>资料分析全面，所提影响因素正确</td><td></td><td></td><td></td></tr>
<tr><td>目标确定</td><td>15</td><td>目标制定中肯，预期效果明确</td><td></td><td></td><td></td></tr>
<tr><td>行动方案</td><td>35</td><td>可操作性较好，行动方案与目标匹配</td><td></td><td></td><td></td></tr>
<tr><td colspan="4">总计得分</td><td></td><td></td><td></td></tr>
<tr><td colspan="4">综合得分</td><td colspan="3"></td></tr>
</table>

【知识准备】

1. 我国湿地保护概况

1.1 我国湿地保护历程

自1992年加入《湿地公约》以来，我国采取了一系列措施保护和恢复湿地。2000年，国务院17个部门联合颁布了《中国湿地保护行动计划》，明确了湿地保护的指导思想和战略任务。2003年，国务院批准《全国湿地保护工程规划(2002—2030)》，提出了湿地保护的长远目标。2004年，国务院办公厅发出了《关于加强湿地保护管理的通知》，提出对自然湿地进行抢救性保护。2005年，国务院批准了《全国湿地保护工程实施规划(2005—2010》，以工程措施对重要退化湿地实施抢救性保护。

截至2015年，我国共建立570多个湿地自然保护区和900多个湿地公园，其中国际重要湿地46个，国家湿地公园569个。我国湿地面积6 500 × 10^4hm^2，占世界湿地总面积的10%，而建成的湿地类型自然保护区已达3 398.64 × 10^4hm^2，占全国湿地面积的52.3%。目前，以自然保护区为主体，湿地公园、湿地保护小区等多种保护管理形式并存的保护管理体系正在逐步形成 。

在2008年10月份结束的第十届缔约方大会上，中国成功连任湿地公约常委会成员国，利用公约国际合作机制积极筹措国际资金开展湿地保护、恢复、合理利用示范和能力建设等多项工作，参与了联合国组织的“千年生态系统评估”，率先推动“加强高原湿地保护决议”，分别在乌鲁木齐、三亚、昆明组织召开了“高原湿地保护国际研讨会”。我国对湿地保护的力度和深度逐年加强，中国的湿地保护工作得到了国际社会的充分肯定和赞誉，2002年，世界自然基金会将年度“献给地球的礼物”荣誉奖颁发给了中国国家林业局。2004年，湿地国际将“全球湿地保护与合理利用杰出成就奖”授予中国。

1.2 我国湿地保护的主要内容

目前，我国湿地保护集中在湿地保护、恢复、合理利用和能力建设。在《全国湿地保护工程规划(2002—2030)》和《全国湿地保护工程实施规划(2005—2010》中，对有效保护湿地做了详细介绍。

1.2.1 湿地保护

对目前湿地生态环境保持较好，人为干扰不是很严重的湿地，主要以保护为主，避免生态进一步恶化。主要内容有：自然保护区建设；以抢救野生稻基因为目的的自然保护小区建设；保护区核心区生态移民。

1.2.2 湿地恢复

对生态恶化，湿地面积和生态功能严重丧失的重要湿地，或者目前正在受到破坏急需采取抢救性保护的湿地，开展湿地恢复项目。主要内容有：湿地生态引水补水工程；湿地污染控制，包括水生植物复壮为主的生物治理工程；湿地生态恢复和综合整治，包括退耕(养)还泽(滩)，植被恢复，动物栖息地恢复和红树林恢复等。

1.2.3 可持续利用建设

在农牧渔业利用强度大，不适宜建立湿地保护区的区域，通过加强管理，逐步引进合理利用和保护措施，达到恢复湿地生态系统功能的目的。包括建立国家级农(牧渔)业综合利用示范区，农(牧渔)业湿地管护区，南方人工湿地高校生态农业模式研究示范区，滨海湿地养殖优化和生态养殖工程；湿地公园示范工程。

1.2.4 能力建设

加强湿地资源调查监测，科技研究和宣传教育，完善我国湿地资源调查监测和宣教培训体系。主要措施有：全国湿地清查和重要湿地专项调查；湿地监测综合信息平台建设；水质监测站点建设；宣传教育培训体系；湿地野外研究基地建设。

1.3 我国湿地保护面临的问题

虽然我国在湿地保护方面已经开展了一系列措施，不可否认的是，在经济高速发展、区域经济不平衡和人口扩张的背景下，土地和资源需求不断加大，环境污染日益严重，给湿地保护带来巨大的压力。我国湿地保护起步较晚，政策法律不完善，保护资金缺乏，加之人们对湿地功能认识不足，我国湿地面临严重威胁。

1.3.1 湿地面积持续减少

城市化和工业化进程导致湿地被大量围垦和改造，面积持续减少。新中国成立以来，全国因围垦而丧失的湖泊面积达 130 $\times 10^4$ hm^2以上，消亡湖泊数量接近 1 000 个。据不完全统计，中国沿海地区累计已丧失滨海滩涂湿地面积约 119 $\times 10^4$ hm^2，另因城乡工矿占用湿地约 100 $\times 10^4$ hm^2，两项相当于沿海湿地总面积的 50%。全国围垦湖泊面积达130 $\times 10^4$ hm^2以上，由于围垦湖泊而失去调蓄容积 350 $\times 10^8 m^3$以上，超过了我国现今五大淡水湖面积之和。

案例介绍

案例一：被誉为“千湖之省”的湖北省湖泊数量已由 1 066 个减少到 200 多个；江汉湖群面积从 8 330 km^2 下降到 2 270 km^2；新中国成立初期，洞庭湖面积为 25 828 km^2，而现在不足 2 700 km^2，水面缩小 40%，蓄水量减少 34%；鄱阳湖区总围垦面积达 1 200 km^2，损失库容 45.22 $\times 10^8 m^3$；长江中下游 34% 的湿地因围垦而丧失，通江湖泊由 102 个下降为目前的 2 个。

案例二：祁连山是黑河、石羊河和疏勒河三大水系 56 条内陆河的主要水源涵养地和集水区，拥有现代冰川 2 194 条，面积 1 334 km^2，储水量615 $\times 10^8 m^3$，每年涵

源吐流 $72.6 \times 10^8 m^3$，为河西走廊 70×10^4 hm^2 良田、480 万人口和近千家工矿企业提供生产生活用水，并维系着河西走廊绿洲生态平衡和经济社会的发展，被誉为走廊“生命线”和“母亲山”。最新资料表明，祁连山冰川融水比20世纪70年代减少了大约 $10 \times 10^8 m^3$，冰川局部地区的雪线正以年均 2~6.5 m 的速度上升，有些地区的雪线年均上升竟达 12.5~22.5 m。照这一速度，祁连山的大部分冰川将在 200 年内消失殆尽。

案例三：位于河西走廊西头，作为敦煌最后一道绿色屏障的西湖国家级自然保护区，66×10^4 hm^2 区域中仅存 11.35×10^4 hm^2 湿地，且因水资源匮乏逐年萎缩，库木塔格沙漠正以每年 4m 的速度向这块湿地逼近。

案例四：位于甘肃省甘南藏族自治州玛曲县的高寒沼泽湿地，是中国若尔盖湿地的重要组成部分，是黄河的天然蓄水池，湿地内泥炭平均厚度达 2.2 m，储量达 $15.9 \times 10^8 m^3$。由于全球气候变暖、过度放牧等自然和人为因素的影响，这块湿地逐步萎缩并沙化，玛曲县沙化面积达 80×10^4 亩，并以每年 3.1% 的速度递增，黄河沿岸已形成 220 km 的沙化带。

案例五：三江平原是我国最大的平原沼泽集中分布区，据统计 1975 年三江 平原沼泽面积为 217×10^4 hm，占平原面积的 32.5%；1983 年沼泽面积下降到 183×10^4 hm^2，占平原面积的 27%；到了 2004 年沼泽面积仅有 123×10^4 hm^2，占平原面积的 16.94%。随着湿地面积的减小，湿地生态功能明显下降，出现生态环境恶化的现象。

1.3.2 湿地污染加剧

大量排放工业废水和生活污水以及无节制使用农药和化肥等多种污染原因，我国湿地水体受到严重污染，生态功能严重退化。由于城市生活污水及农药和化肥过量使用，全国 2/3 以上的湖泊受到氮、磷等营养物质的污染，10% 的湖泊富营养化污染程度严重。《2008 年中国环境状况公报》水环境质量状况显示，2008 年全国地表水污染依然严重，七大水系水质总体为中度污染，湖泊富营养化问题突出。自 20 世纪 80 年代以来，我国水质严重污染的湖泊数量急剧增加，据中国科学院抽样调查分析，80 到 90 年代的 10 年间，已有 20% 的湖泊因污染而丧失了基本使用功能(水质为 V 类)。我国五大淡水湖之一的巢湖，每年接纳工业废水 $1.4 \times 10^8 t$ 以上。中国湖泊普遍受到氮、磷等营养物质的污染，富营养化程度严重，部分湖泊汞污染也很严重。仅鄱阳湖每年就要承受各种污水约 $14.4 \times 10^8 t$。

稻田等人工湿地由于大量使用化肥、农药、除草剂等化学产品，已成为湿地的面污染源，进而影响着内陆和沿海的水体质量。2007 年，我国农药年产量 $50 \times 10^4 t$，位居世界第二，每年农药的使用量在 $23 \times 10^4 t$ 左右，平均使用农药 $2.33 kg/hm^2$，我国人均耕地面积不足世界人均的一半，农药使用量超过国际平均使用量的 2.5~5 倍。由于大多数农药以喷雾剂的形式喷洒于农作物上，其中只有 10% 左右药剂附着在作物体上，总体约有 80% 的农药直接进入环境。漂浮在大气或存在于土壤中的农药经过降水、地表径流和土壤渗透进入水体，最后导致水环境质量的恶化。

案例介绍

案例一：白洋淀湿地是华北平原最大、最典型的淡水湖湿地。因盛产鱼虾蟹鳖、菱藕及大批芦苇等水产品，被誉为“华北明珠”。然而，今年来，未经处理的城市污水无节制地排入湿地，据保定市环境保护监测站2000年对白洋淀的常规监测资料，按丰水期、平水期、枯水期三个时期对白洋淀进行评价，结果发现白洋淀水质已不能满足功能要求。污染程度随季节变化，沿丰水期、平水期、枯水期递增。水中主要污染物为COD、高锰酸钾指数、总磷等，特别是总磷超标普遍，水体富营养化较为严重，由于在淀内机动船的大量使用，部分监测点石油类超标。据1958年调查，白洋淀水体清澈见底，漾堤口、杨庄子及枣林庄等处大清河河道水的透明度亦分别达到150 cm、200 cm和170 cm。到20世纪70年代，府河及大清河河道水已十分浑浊，透明度明显减小。90年代府河口一带水域水色如酱油，透明度极低。水质的恶化，严重破坏了白洋淀的生态环境，使水生动、植物资源遭受了毁灭性破坏。

案例二：滇池是最著名的高原湖泊之一，面积约300 km^2，平均水深414 m，蓄水量1 219 $\times 10^8 m^3$，濒临200多万人口的昆明市。滇池既是城市的取水口，同时又是城市废水的纳污池。由于污水的不断纳入，滇池污染负荷不断加剧，水体富营养化，全湖水质均为Ⅳ~Ⅴ类，以至于蓝藻水华暴发，是全国闻名的污染湖泊。

案例三：由于黄河三角洲工农业生产的迅速发展、油田开发力度的加大，以及湿地保护意识和规划滞后等原因，黄河三角洲湿地生态系统正承受着工农业和人们生活环境污染（主要为重金属、农药和氮、磷污染）以及油田午安等多重压力。据山东省海洋环境质量公报揭示，黄河口湿地水土环境污染严重，仅2009年一年就有大量陆源污染物排入海洋，包括CODcr 433 065t、营养盐6 450t、石油类6 472t、重金属579t和砷152t，直接导致了湿地和近岸水体富营养化，生态功能退化和生物多样性丧失。

1.3.3 生物资源多度利用

因过度捕捞和猎捕，中国湿地生物多样性明显减少。首次全国湿地资源调查结果显示，四分之一的湿地正面临着生物资源过度利用的威胁。在我国重要的经济海区和湖泊，酷渔滥捕现象十分严重，生物资源的过度利用导致资源下降，致使一些物种甚至趋于濒危边缘，湿地生物群落结构的改变以及多样性的降低。国家林业局的调查表明我国323处受监测的重要湿地中40.7%的湖泊、26.4%的海岸湿地和19.8%的沼泽受到过度捕捞的威胁。很多内陆湖泊型湿地都分块承包给了周围的农民，但是很多承包人在捕捞时大鱼小鱼一律都不放过，大量的小鱼小虾被用做养貂、养貉的饲料。现在很多渔民的船越造越大渔网越来越密，将海岸滩涂相连的很多近海鱼虾都捕得干干净净，因此这种破坏性的捕捞几乎使鱼虾遭受灭顶之灾。

案例介绍

案例一：泸沽湖是高原湖泊群中有名的一个旅游景点。湖中生长着3种特有珍稀鱼类：宁蒗裂腹鱼、厚唇裂腹鱼和泸沽湖裂腹鱼。湖中的裂腹鱼细鳞体肥，肉嫩味美，为游客们钟爱。为了满足这些游客的口腹之欲，当地的渔民不惜用毒鱼、电鱼、炸鱼方式来获取，使得这几种特有鱼类数量大幅度减少，现已濒临灭绝。

案例二：我国的红树林由于围垦和砍伐(木材、薪柴)等过度利用，天然红树林面积已由50年代初的约5×10^4 hm^2下降到目前的1.4×10^4 hm^2，已经有72%的红树林丧失。红树林的大面积消失，使中国的红树林生态系统处于濒危状态，同时使许多生物失去栖息场所和繁殖地，也失去了防护海岸的生态功能。

案例三：珊瑚礁是中国南部海域最富特色的景观和自然资源，多年来由于无度、无序的开发，已使珊瑚礁受到严重破坏。海南是中国最主要的珊瑚礁区之一，由于过度开采，约有80%的珊瑚礁资源被破坏，文昌市部分海岸线近十年已经向陆地一侧后退约230m，年均岸线侵蚀后退20m。其结果不仅对依赖珊瑚礁生存的海洋生物造成了严重影响，同时也使其丧失了护岸功能和旅游等经济、社会价值。

1.3.4 湿地水资源的不合理利用

由于在生活、生产和生态用水的分配过程中，湿地生态用水始终处于弱势地位，一些水利工程建设和生产生活用水对湿地生态造成的影响常常被忽略，有限的水资源利用极少考虑湿地生态需求，造成湿地生态缺水。特别是在干旱半干旱地区，工农业生产及城乡居民生活用水与湿地生态用水之间矛盾更加突出，许多重要湿地因缺水导致生态功能严重退化或丧失。中国有15块国际重要湿地由于缺水而面临着被列入国际《湿地公约》黑名单的巨大风险。

案例介绍

案例一：西北地区的塔里木河、黑河等重要的内流河，由于水资源的不合理利用，导致下游缺水，大量植被死亡，沙进人退。近年来，黄河水量干枯的趋势加剧，1997年利津水文站累计断流天数达226d，占全年总天数的62%，严重影响了下游工农业生产和人民生活。中国西部地区的湖泊也因上游地区超负荷的截水灌溉，而导致湖泊萎缩，水质咸化。新疆准噶尔盆地西部的玛纳斯湖，50年代面积为550 km^2，到了70年代，由于无节制的农业垦荒和截水灌溉，注入该湖的河道从此断流，该湖区已变成干涸的盐地和荒漠。从80年代起，石河子玛斯纳河流域管理处，夹河子水库逐年有计划地向下游玛纳斯湖注水，玛纳斯湖生态环境逐年得到了恢复。1998年，重新形成湿地。2005年，湖面面积为123 km^2。

案例二：在水资源利用中，我国农业用水约占总用水量的70%，但水的利用率却相当低，只有20%~40%，远远低于发达国家70%~80%的利用率水平。此外，传统的灌溉方式往往还导致土地的次生盐碱化。我国的工业用水约占总用水量的20%，在工业生产中，中国的工业企业单位产值耗水量是发达国家的5~10倍，工业循环用水率很低，淡水资源浪费严重；同时，一些中小企业、乡镇企业将污水直接排入江河湖泊，既降低了水的利用率，又污染了湿地。

案例三：一些水利工程的修建，隔断了自然河流与湖沼等湿地水体之间的天然联系；挖沟排水，又使湿地不断疏干，导致湿地水文变化，功能下降，湿地消失。新中国成立以来，仅长江流域就修建了近4.6万座水坝、7千多座涵闸，但由于缺乏规划和措施，造成中下游大部分湖泊与江河隔断，长江的鱼、蟹、鳗苗种不能进入湖泊，湖区的鱼卵不能溯江产卵繁殖，使水产资源大大下降，其潜在的危害尚无法估量。

1.3.5 泥沙淤积日益严重

由于江河上游水源涵养区的森林资源遭到过度砍伐，导致水土流失加剧，影响了江河流域的生态平衡，河流中的泥沙含量增大，造成河床、湖底淤积，湿地面积不断缩小，功能衰退。近年来，长江中下游及东北地区洪涝灾害频繁，与这些地区湿地水文发生的变化、湖泊拦蓄洪水功能下降有着直接关系。

案例介绍

案例一：根据水利部门全国实测河流泥沙资料分析，平均每年约有 12×10^8t 泥沙量淤积在外流区下游平原河道、湖泊和水库中，或被引入灌区以及分洪区内。黄河每年携带的泥沙量达 15×10^8t 之多。长江近50年的年平均输沙量约 5.2×10^8t，在七大江河的输沙量中，长江流域仅次于黄河流域，列第二位。海河也是多泥沙的河流，多年来平均输沙量多达 1.6×10^8t。

案例二：湖南洞庭湖，1951—1987年间，淤积在湖内的总沙量高达 35.23×10^8 m^3，每年入湖沙量约 $1.3\times10^8 m^3$，出湖沙量仅 $0.34\times10^8 m^3$，湖盆年淤积量近 1×10^8 m^3；1949—1987年，纯粹因淤积损失的容积为 $47\times10^8 m^3$，整个水面面积由原来的 43×10^4 hm^2 萎缩到现在的 24×10^4 hm^2。进入2000年以后，由于葛洲坝水利工程截留，入湖泥沙量出现下降趋势，1981—2002年，年均入湖沙量约 1.08×10^8t；2003—2009年，由于三峡水利枢纽储水运行，入湖沙量进一步下降，年均入沙量 2.18×10^8t，即使如此，由于出沙量小，淤积率仍达29.3%。

案例三：江西鄱阳湖在20世纪下半叶尤其是70～80年代，每年入湖泥沙量达 2.4×10^8t，湖区面积由50年代初期的5 100 km^2 缩小到90年代末的3 950 km^2，容积由 $370\times10^9 m^3$ 减少到 298×10^9 m^3，调储洪水能力大为减弱。直到对入湖"五河"进行水利改造后，直到1998年该趋势才得以控制，至2001—2011年，鄱阳湖入湖泥沙量为年均 7.14×10^4t，开始低于出湖年均泥沙量。

案例四：水库是中国重要的人工湿地，目前其泥沙淤积的状况也已令人担忧。据《中国水土流失公告2002》和《全国水土保持监测公报2003》，中国已建成8.6万座大中小型水库，库容在 $5\,000\times10^8 m^3$ 以上，现已淤死 $1\,000\times10^8$ m^3，直接经济损失200～300亿元，如果把造成发电、灌溉、养殖、航运等损失计算在内，损失更加惊人。

2. 湿地保护行动

2.1　加强宣传，提高人民对湿地的保护意识

不同地域、不同经济发展条件下的人群对保护湿地的认识不尽相同，一些地方仍然将湿地作为荒滩、荒地给予对待。政府层面，有些地方仍重开发轻保护，随意将湿地排干、填埋后用于工程建设，片面追求经济效益或者局部利益；企业和社区层面，一些企业尤其是小企业，为降低生产成本，随意排放污废水，倾倒、堆放或掩埋生产废弃物或垃圾，造成水体污染；一些村镇生活污水和垃圾的排放、倾泻对湿地生态环境构成越来越严重的威胁；而在个人层面看，农牧业或捕捞渔业区居民，随意开垦湿地、挖塘养殖、过度捕捞等，加剧了湿地萎缩和退化。

2.2　完善法律制度，理清管理权限

直到 2013 年，我国才发布了首部湿地保护管理法规《湿地保护管理规定》。在此之前，湿地保护无法建立控制湿地面积减少和功能下降的政策制度，也没有将湿地作为具有重要生态功能的土地纳入国家主体功能区规划而受到严格保护，而是被纳入了“未利用地”范畴，加快了湿地消亡的速度。并且，由于我国地域经济发展的不平衡、地域间地理条件差异大，一部《湿地保护管理规定》显然不能满足区域间多样性保护的需要，还需后续的针对性保护政策的细化。另外，我国湿地仍然存在多头管理，部门协调难度大的问题。国家林业局是湿地保护的主要执行单位，但在具体的保护管理、恢复改造、开发利用和执法监督时，却时时受到水利、国土、农业等各部门的限制，造成湿地保护的停滞和无效。

2.3　加大资金投入、促进经济转型

湿地保护资金严重不足，是保护管理工作面临的主要现实问题，如“十一五”规划中央投资的到位率仅为 38.4%。由于缺乏资金，湿地管护、生态补水、退化湿地恢复、污染治理、动态监测和宣教等常规工作难以有效开展，保护管理水平远不能适应湿地工作的实际需要。

2.4　加强科技支撑力度

目前，湿地保护的基础研究和科技支撑远不能满足湿地保护工作的需要。特别是对湿地的调查、监测、恢复、演替规律等方面缺乏系统深入的研究，不能有效为湿地保护和管理决策服务，导致湿地保护管理工作的科技含量很低。

3. 湿地恢复

湿地恢复包括湿地的恢复、湿地改建以及湿地重建，是指通过生态技术或生态工程对退化或消失的湿地进行修复或重建，再现退化前的结构和功能，以及相关的物理、化学和生物学特性，使其发挥应有的作用。

湿地恢复是一项长期的过程，湿地退化特征和影响因素，在了解湿地生态系统的本底基础上，找出哪些地区需要恢复，哪类地区能够恢复，采取什么办法是可行的；稀缺性和优先性原则。适度恢复要有针对性，须从当前最紧迫的需要出发，优先保护具有重要生态作用的湿地，优先保护珍稀动植物及其栖息地并逐步恢复湿地功能；最小风险和最大效益原则。考虑区域经济承受能力，同时又需要考虑恢复的经济效益和收益周期；生物配置多样性原则。环境条件的多样性决定了生物配置的多样性。

3.1 湿地恢复的目的、策略和途径

湿地恢复的目的有三个方面：种群的恢复、生态系统或景观的恢复以及生态系统功能的恢复。湿地恢复的策略主要有两种：一是修复；二是重建。修复是对必要生境条件的直接恢复，它适合于小规模干扰的湿地，可以很快实现恢复目的。重建是重新建立适宜的生境条件，使湿地生态系统回到早期阶段并重新发育，它适合于大规模、严重破坏的湿地；这种湿地已发生不可逆转的退化，或者采用修复策略存在技术困难，或代价昂贵；该策略的缺点是它要求进一步的破坏（以产生坚实的重建基础），需要较长的时间发育，有可能偏离初始的恢复目的。

湿地恢复的途径多种多样，有简单的工程途径，也有复杂的生态途径。但不管采用何种途径，都宜遵循“最小干涉”原则，尽可能地利用堤防、表面积水、地下水和当地种源等。这样既可事半功倍，又不过多干扰待恢复的生态系统。

3.2 湿地恢复的原则

(1) 可行性原则

湿地恢复工程项目实施时首先必须考虑湿地恢复的可行性它主要包括两个方面，即环境的可行性和技术的可操作性。

(2) 优先性和稀缺性原则

尽管任何一个恢复项目的目的都是恢复湿地的动态平衡，并阻止其退化过程，但湿地恢复的优先性并不一样，在实施湿地恢复前必须明确恢复工作的轻重缓急。稀缺性就是指在恢复过程中，要优先考虑针对一些濒临灭绝的动植物种、种群或稀有群落的恢复。

(3) 恢复湿地的生态完整性、自然结构和自然功能原则

湿地恢复是恢复退化湿地生态系统的生物群落及其组成、结构、功能与自然生态的过程。一个完整的生态系统富有弹性，能自我维持，能承受一定的环境压力及变化，其主要生态状况在一定的自然变化范围内运转正常。

(4) 流域管理原则

湿地恢复设计要考虑整个湿地区域，甚至整个流域，而非仅仅退化区域。应从流域管理的原则，充分考虑集水区或流域内影响工程项目区湿地生态系统的因子，系统规划设计湿地恢复工程项目的建设目标和建设内容。

(5) 美学原则

湿地具有多种功能和价值，不但表现在生态环境功能和湿地产品的用途上，而且具有美学、旅游和科研价值。因此，在湿地恢复过程中，应注重对美学的追求。美学原则主要包括最大绿色原则和健康原则，体现在湿地的清洁性、独特性、愉悦性、景观协调性、可观赏性等许多方面。

(6) 自我维持设计和自然恢复原则

保持恢复湿地的永久活力的最佳方法就是将人为维护活动降到最低水平，同时在恢复过程中，应尽可能采用自然恢复的方法。

3.3 湿地恢复的模式

湿地恢复主要遵循两种模式，一种是自然恢复模式。在外界压力和干扰被去除后，湿地恢复可在自然过程中进行。这种模式适用于受损但不严重，仍然保留湿地的基本特征，并且具有可逆性的湿地生态系统。该模式成功取决于稳定的能够获取的水源和能够接近湿地的动植物种源两个因素。另一种是人工恢复模式。指外界压力和干扰去除后，仅依靠自然力不可能使系统恢复到原始状态，必须依靠人为的干扰措施才能使其发生逆转，达到恢复目的。包括人工重建生态工程及人工促进恢复工程两类。前者主要是采用微生物修复技术、植被恢复技术等进行生态环境的重建；后者则是通过植被恢复、鸟类招引和生物放养的措施增加生物多样性，进而将退化湿地塑造成半自然状态的生态系统，再通过进一步的自然演替，形成较为理想的自然湿地生态系统。

3.4 湿地恢复的流程

我国湿地类型多、分布广、地域差异显著，干扰湿地的威胁因素亦有所不同。湿地恢复过程中，需要根据湿地具体情况制定有针对性的恢复措施。常常通过现状分析出原因。如根据水面积萎缩，水质污染，生物多样性下降等现状，分析造成这种情况的因素，如进水量下降、污水排入、围垦造田、过度利用等威胁因素，针对上述因素确定恢复治理目标，然后分别制定出具体的实施措施。

(1) 湿地退化的现状、程度及原因分析

在设计一个回复项目之前，应对恢复区域进行本底调查和评估，以便了解该区域过去和现在的状况，确定是哪些因素导致了湿地的退化或丧失。

(2) 确定恢复目标和任务

湿地恢复的目标就是对恢复结果以及如何达到所需要的结果的描述，即做什么的问题。不同地域条件，社会、经济、文化背景要求，湿地恢复的目标也不同。湿地恢复的目标包括恢复到原来的湿地状态，或完全改变湿地状态，或重新获得一个既包括原有特性，

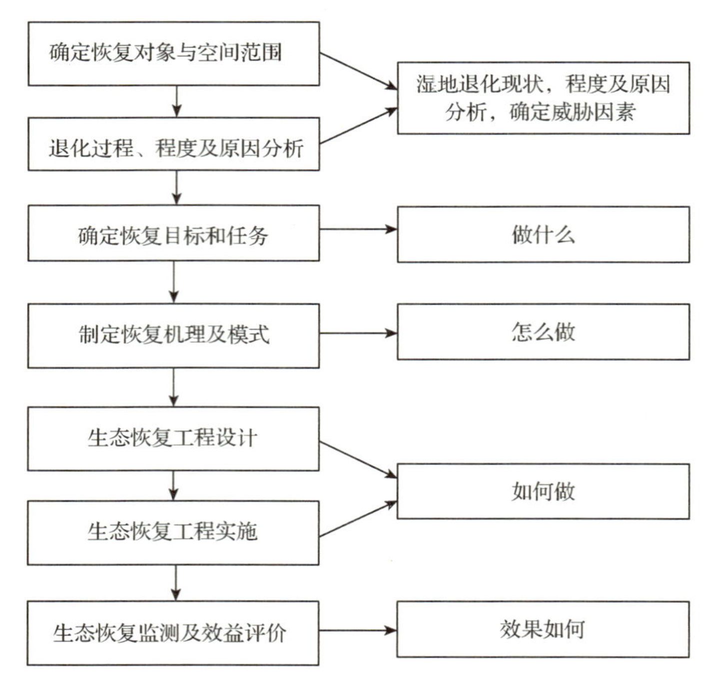

图 3-1 湿地恢复流程

又包括对人类有益的新特征形状等。目标确定中，需要制定可以量化或判断每一个具体实施目标是否达到预期的评价标准。例如，确定植被盖度和结构、水状况、栖息地类型等所应恢复的程度及指标。

（3）制定恢复机理及模式

即制定湿地恢复的规划设计方案，解决怎么做的问题。湿地恢复的最佳方法就是尽可能地选用最破坏性最小，最为生态的方法实现恢复目标。在实施更多的人为干预前应考虑采用自然恢复方法。如果一些自然过程不能采用自然恢复方法，则需要评估人工干预手段是否会造成期望之外的变化及破坏。

（4）实施湿地恢复工作

按照生态系统的恢复与重建原则，对湿地生态系统的功能设计、风险评价及恢复与重建指标体系等对策与方法进行全面规划和研究。在湿地恢复方案实施过程中，要利用和发展新技术，把湿地的恢复范围从局部扩大到整个流域，最终实现景观水平上的恢复。

（5）湿地恢复的监测

在湿地保护和管理的各种方法策略中，特别在评价管理行为的成功性方面，监测都起着重要作用。在湿地恢复规划制定以后，恢复的监测方案便应同时完成，包括监测方法、监测指标、实施路线、采样频率和强度等通常情况下，湿地恢复前和恢复后的监测都是必要的。

（6）湿地恢复的长期管理

湿地生态系统是一个不断与周边环境发生响应，并随时发生演变和变化的生态系统。湿地恢复措施完成后，仅仅是一个成功的湿地恢复项目的开始，还需要对恢复湿地进行长期管理，以便使其发挥预期的生态功能，并使人为影响达到最小化。长期管理通常需要维护现有的各种设施和设备，如水利设施、监测设施等，对生物群落和植被类型的长期管理，能及时发现入侵物种或沉积物过量等事件发生，以及一些非预期的问题。

（7）湿地恢复的综合评价

湿地恢复不但包括生态要素的恢复，也包含生态系统的恢复。生态要素包括土壤、水体、动物、植物和微生物，生态系统则包括不同层次、不同尺度规模、不同类型的生态系统。因此，需要对湿地恢复进行综合性评价，以确定其是否达到了预期目标，被损害的湿地是否恢复到或接近于它退化前的自然状态。

（8）湿地恢复的措施

湿地恢复的实施过程是根据湿地规划和设计进行对恢复地点进行恢复、改善和提高的自然过程。根据湿地类型、恢复目标以及退化程度的不同，湿地恢复实施过程中的恢复措施也不相同，典型的湿地恢复的实施措施可分为土壤基质的恢复、植被恢复、栖息地保护与生境改善、湿地生态水管理、湖泊富营养化治理、有害生物防控和火生态控制等七个方面。

湿地恢复治理是一个长期的过程，该过程中的动态监测（包括水量变化、水质变化、生态系统景观变化及动植物种群变化等）非常重要，它能为恢复治理提供实时数据，对完善和调整治理措施有巨大帮助，对恢复后的湿地生态系统功能回升的评估亦有重要的监测作用。

案例介绍

【案例一】由于来水量、来沙量减少等自然因素影响，加上人类生产活动的影响，山东黄河三角洲湿地逐渐出现干旱退化趋势。湿地现状为湿地面积萎缩和破碎化，土地盐渍化严重，许多赖以生存的生物种类和数量不断减少，鸟类觅食和繁殖困难，生物多样性降低。

原因分析：水源不稳定、黄河改道和蒸腾作用造成的严重缺水；土地盐渍化造成的植物死亡，多样性下降；现存植被群落单一，发育不成熟造成的生态系统不稳定。

恢复目标：实现生态系统地表基地的稳定；改变咸、淡水比例，恢复湿地良好的水状况；恢复植被，提高初级生物生产量；恢复健康的湿地景观。

方案：采用自然恢复和人工恢复相结合的方法，为生态系统的正逆演替创造外界环境，保证生态系统向生多样性方向演替。

实施：（1）在适合的地方筑坝建闸，在雨季蓄积淡水，恢复地表径流循环；在黄河丰水期大量引蓄淡水，蓄淡压咸，改变咸、淡水比例，改良土壤基质；（2）制造生境交错带。采用隔坝、沟渠、堆砌土方等工程措施，形成多种微生境结构，为植被的多样化创造外部条件；（3）制造人工栖息岛屿。在人为干扰距离之外，设计高出水面的人工岛屿，为水鸟提供栖息及繁殖场所；（4）保持景观的完整性，避免破碎化。在湿地恢复工程设计中，除必要的隔坝外，尽量减少景观格局的分隔。在破碎化较为严重的区域，采用人工引水和植物恢复的形式进行连通。

【案例二】郑州黄河自然保护区的湿地分为三大类，即河流湿地、沼泽湿地和人工湿地。近年来，由于周边农民大量开垦种植，导致湿地面积锐减。2007年保护区范围内的开垦的农田面积已占保护区总面积的41.8%，鱼塘面积占保护区总面积的0.83%。

在恢复设计中，除要求按照有关保护区法律法规严格保护和限制人为破坏之外，还需设计水域恢复计划。通过对保护区不同区域内水文状况、地形特征、受威胁程度和湿地植物的适宜性特点的分析，最终确定了该湿地恢复模式分为自然恢复模式和人工恢复模式，其中人工恢复模式又分为蓄水型湿地恢复模式、溪流型湿地恢复模式、多塘型湿地恢复模式，在实施过程中，对保护区不同区域又做了细化。

针对干扰较小的保护区核心区，可以利用黄河自身的水文周期、植物种质资源、自然肥力，采用自然恢复模式进行恢复；地势平坦、宽度较大且坡度较小的区域，采用蓄水型恢复模式。增加浅水湾，制造由浮叶沉水植物区、挺水植物区和灌木植物区构成的湿地植物丰富、群落类型多样的湿地生态系统；地势低洼，具有自然沟渠雏形，并与黄河河道相连的区域，采用溪流型恢复模式。该模式在功能上不考虑蓄水，植被恢复以挺水植物区和灌木植物区为主，是隔离农业种植区的最好形式；在鱼塘集中区域，采用多塘型恢复模式。设计时充分利用现有及废弃鱼塘进行改造，以挺水植物群落为主，并根据地形条件构建芦苇塘和莲藕塘湿地系统，形成丰富的人工湿地景观。

【案例三】研究表明，滇池污染中，生活污染占53.15%，面源污染占27.63%，工业污染占19.2%。因此，滇池污染治理措施需要根据具体情况制定并实施：(1)抓住主要矛盾，完善城市污水处理机制，拦截污流，杜绝或减少城市生活污水进入滇池；(2)控制农业面源污染，发展生态农业，加强农田用水管理，减少农田水外排，截留回用；(3)推广人工湿地生态系统建设，净化排入湖中的生活污水以及工业污水，减轻污染。

任务2　湿地管理计划编制

【任务提出】

1. 知识目标：了解湿地管理计划的编制程序和主要内容。
2. 能力目标：架构出湿地管理计划框架及资料准备。
3. 情感目标：具有全面和大局意识，具备协作和综合能力。

【任务提出】

湿地管理计划是指导湿地保护的纲领性文件，因此管理计划的编制和具有可操作性显得尤为重要。可收集当地代表性湿地管理计划进行分析和讨论，找出湿地管理计划编制的程序及主要内容，并能构架出湿地管理计划的框架。

【任务实施】

1. 收集当地代表性湿地管理计划的样稿，分组讨论。
2. 各组找出湿地管理计划的编制程序和主要内容。
3. 拟定湿地管理计划的框架，并撰写出一个内容(结合实际选择性进行)。

【任务评价】

评价内容		分值	评价标准	组内赋分	组间赋分	教师赋分
职业素养		40分	1. 能充分利用资源自主学习 2. 分工合作，团队合作意识强 3. 考虑问题全面、逻辑强、有大局意识			
内容	编制程序及内容	30分	内容的全面性，程序的合理性，文字表达简洁明了，准确专业的文字描述			
	计划框架	30分	计划框架逻辑性、全面性、综合性			
总计得分						
综合得分						

【知识准备】

1. 管理计划的功能

(1)确定湿地管理目标

管理计划明确描述湿地生态特征，并为维持生态特征确定明确的管理目标。

(2)确定管理目标的威胁

确定已经影响、正在影响或有可能影响湿地生态特征的威胁因素是管理计划编制过的重要内容，一旦确定了威胁因素，可以在管理中采取合理的应对措施，包括技术性和政策性的对策，例如，水利工程的兴建需要进行环境影响评价。这是规划过程的一部分。

(3)解决冲突

湿地管理过程中往往需要面对不同利益相关的利益冲突，从而难以确定优先保护区域。管理计划的编制过程是通过广泛的参与，包括利益相关和公众的参与、磋商，使各利益相关方逐渐达成一致意见的过程。

(4)确定监测需求

监测可以监测并评估管理活动的有效性，一旦管理目标确定，可以根据相关管理活动及其进程设计管理计划，及时监测并报告管理活动的成效，为动态活动的成效，为动态和适应性管理提供技术支持。因此，监测是综合管理计划极为重要的组成部分。

(5)确定和阐述为达到管理目标所需采取的管理行动和措施

当管理目标确定后，就需要确定和阐述为达到管理目标所需采取的管理行动和措施，并评估实施这些管理行动所需的成本。

(6)保持连续有效的管理

连续有效的管理和监测非常重要。为了应对湿地内外部各种因子的影响，管理过程必须是动态的，以适应实际变化的需求。因为管理行动必须针对环境的变化而采取相应的对策。任何时候都要保持管理目标基本不变。

(7)获取资源

管理计划确定和量化湿地管理过程中所需的资金，并包含一份详细的资金预算，这是申请湿地保护管理资金的重要基础。此外，管理计划还需要拟定湿地管理资金的筹措机制，包括自主创收机制。例如：通过开展旅游活动、收割芦苇、发展渔业等，也可以是建立湿地信托基金等一些长期的筹资机制。很多情况下，在制订管理计划的早期，有必要对实施管理计划的机构的能力进行评估。在能力评估中，如果发现管理资金不足，在管理计划的行动计划部分应当提出解决措施。

(8)促进湿地区域内外各组织、利益相关方的沟通

无论是湿地管理机构内部的沟通，还是湿地管理机构与其他利益相关方之间的沟通都是极为重要的。通过引入利益相关方参与管理计划的制订过程，湿地管理机构可以告知他们与湿地生态特征、湿地管理目的、湿地管理过程有关的信息。但是这要求管理计划编制人员除了要十分熟悉管理计划编制修改的过程和管理中所需运用到的管理技术，还要能够在管理计划实施的全过程中，对管理计划中的沟通、教育和公众意识(CEPA)部分进行全面和清晰的阐述。

(9)确保当地、国家和国际政策的一致

管理计划必须依据国际和国内的政策、战略和法规进行编制，但有时不同政策间可能会有一些冲突。编制管理计划则可以有效地理顺彼此间的冲突，并将国内外政策整合到某一特定国际重要湿地的管理上，同时还能为一块湿地的管理提供指导，促进国家湿地政策、国家生物多样性战略和其他一些相关计划和政策的实施。

2. 管理计划编制的步骤

一般管理计划编制程序包括五个步骤：序言/政策、描述、评价、目标、行动计划。值得注意的是，在整个管理计划中，这几个步骤应重复应用多次，包括对生态特征、社会经济利益、文化价值和其他的利益特征的反复分析。一般来说，通常从生态特征的分析开始，但是并没有必须要遵守的固定顺序。图 3-2 对上述推荐步骤的结构和内容做了详细

描述。

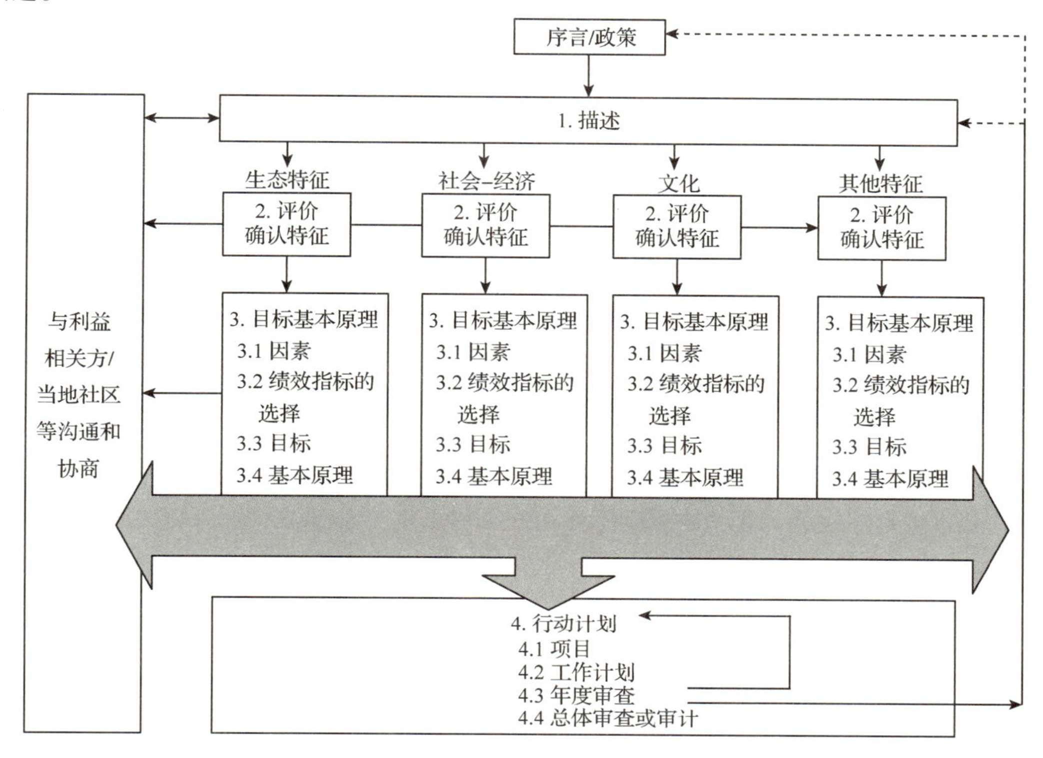

图 3-2　国际重要湿地或其他湿地管理计划的建议结构与内容

2.1　序言/政策

序言是一个简明的政策申明，反映的是国际、国家或当地政府以及其他组织(如非政府组织、当地社区或私营机构)对该管理计划编制和实施的看法。序言还应重申湿地公约的几项要求：维持国际重要湿地的生态特征、所有湿地的合理利用以及在湿地上建立自然保护区(无论其是否列入国际重要湿地名录)、湿地管理的国际合作，特别是跨界湿地和水系的合作。

2.2　描述

描述是管理计划的重要组成部分，该部分提供的信息是管理计划其余部分编制和实施的基础。该部分主要工作是根据现有自然资源和社会经济本底调查的数据信息对国际重要湿地进行基本描述，并分析存在的数据信息缺口，如有必要，对于缺口的数据信息应予补充，国际重要湿地生态特征描述也应定期地进行审查和更新，以便纳入新的数据和信息。此描述应为监测活动提供本底数据，而监测活动就是要对该湿地今后的变化进行检测。虽然在某些方面还需有更为详细的数据，但国际重要湿地数据信息表的条目仍为本部分的描述提供一个有用的模式。在描述过程中还需注意的一点是进行描述的语言应简单易懂，尽量避免使用只有专家才会运用的专业术语，以便于所有的利益相关方都能理解所表述的信息。

2.3 评估

评估就是对管理计划中包含的关键生态特征的状态进行评估。评估的内容可用以下条目(未按先后次序排列，各湿地可按具体情况而定)，这些条目可以有选择地使用，也可全部使用。

(1)面积及其在生态系统中的位置

编制管理计划时要尽可能将湿地置于整个生态系统中考虑，最好是置于整个流域之中。对于面积较小的湿地，要考虑其所在流域内其他因素的影响、

(2)生物多样性

与湿地类型有关，在许多情况下也与湿地面积大小有关。湿地拥有很高的自然生物多样性，其价值自然也高，但有些湿地(如泥炭沼泽)即使在自然状况下其生物多样性也很低。

(3)自然性

虽然人工湿地同样具有保护价值，但从自然保护的角度来看，自然性是最重要的。

(4)稀有性

从保护的角度出发，保护区的选择往往是基于其包含的物种、群落、生境、地貌和景观的稀有性。稀有性的高低及其原因需予以考虑。

(5)脆弱性

脆弱性可以是由自然因素，例如，火、洪水、干旱、风暴导致，也可以是由人为因素导致，因此，两个方面都应子考虑。

(6)典型性

评估时不仅要考虑到稀有性和独特性. 还应考虑到其生境是否是某一区域最具代表性和最典型的样本。

(7)历史遗迹

包括具有考古和史前环境的价值，如花粉、种子等。这对了解以前的管理非常重要(无论从保护还是管理的角度)，并有利于指导今后的行动。

(8)恢复和修复的潜力

退化的湿地恢复或修复的潜力是不同的。退化严重的湿地，其被恢复或修复的潜力就低。因此，评估时应考虑到不同退化状况的湿地具有不同的恢复或修复潜力。

(9)美学、文化和宗教价值

包括湿地所具有的景观价值、文化和宗教价值。

(10)社会和经济价值

包括诸如沉积和侵蚀的控制、水质的保持和污染的减缓、地下水和地表水的维持、对渔业、畜牧业、林业和农业的支持、稳定气候等。

(11)教育和公众意识

包括对学生、决策者和公众进行环境教育的潜力。

(12)休闲娱乐

重要的是应确保休闲娱乐与保护目标相一致。

(13)科学研究

在管理中常将其作为管理计划制订的基本组成部分。但对在脆弱的湿地和极易遭受研究活动损害的湿地开展科学研究活动必须予以慎重考虑。

2.4 目标

2.4.1 管理目标的基本特征

通过评估，一系列湿地重要生态特征都已经确定下来。下一步需要做的就是为这些生态特征确定一对一的管理计划。而所谓的目标就是我们预期通过对湿地进行管理所能取得的一些成。管理目标应该具备以下基本特征：①目标必须是可以量化和测量的。如果它们不能被测量，我们就不能通过监测活动来判断这个目标是否能达到。②目标应该是能实现的，至少经过长期的努力可以实现。追求不能实现的目标是毫无意义的。③目标不是约定俗成的。目标描述了一个生态特征未来应该达到的一种状态，但是它并没有规定为了达到或维持这种状态我们必须采用的方法和过程。

2.4.2 制定可测量目标的关键步骤

制定可测量的目标一般要经过以下三个步骤：①描述生态特征需要达到何种状态；②确定何种因素对湿地生态特征产生影响，并考虑这些因素如何对生态特征产生影响；③监测管理目标的实现情况，确定和量化一些绩效指标。

(1)描述生态特征需要达到的状态

为了判断管理是否实现了目标，必须用简明的语言描述计划欲取得或维持的生态特征状态，清晰地描述管理计划中主要活动所要达到的理想状态。欧盟启动了一项重要自然保护项目，名为“欧盟自然2000，这是一个针对栖息地和物种保护的项目，其实施方式十分有用，适用于任何国家。欧盟要求，在其范围内所有湿地的要素必须保持在“良好的保护状态”。

栖息地处于良好的保护状态的指标包括：①栖息地面积不变或面积不断扩大；②在长时期内栖息地是可持续的；③关键物种处于较好状况；④对栖息地及其关键物种有影响的因子是可控的。

物种处于良好保护状态的指标包括：①种群长期稳定；②物种分布范围未缩小；③有充足的栖息地能长期支持物种的生存；④对栖息地及其典型物种有影响的因子是可控的。

以上是对栖息地和物种处于良好保护状态的通用定义，简明地表示栖息地和物种需要什么样的管理。

(2)确定影响湿地生态特征的因素，并分析这些因素如何导致生态特征发生变化

许多因子都会对管理目标的实现产生影响。这些因子包括政策、战略、趋势、限制、实践、利益冲突和义务，总之，包含任何正在影响或可能影响生态特征的因子。我们需要考虑正面和负面的因子，因为它们对管理都有意义。栖息地和物种的保护管理是主要控制因子，在这里，特别要对人类活动过去、现在、将来所产生的干扰及相关利益方面的冲突进行控制。当试图保护天然栖息地时，管理者必须尽可能控制人为的破坏性活动或影响，并鼓励做出长期保护贡献的人。例如，控制狩猎、采伐和烧荒。

无法控制的因子无论是否是由人为原因造成的，都应被纳入考虑范围。例如，气候变化和外来物种可以改变湿地生态系统的稳定性，一个因子可能影响湿地若干个生态特征，对该因子采取适当的管理干预，应当考虑到它对不同的生态特征会同时产生的正面和负面影响，无论是正面或负面的影响因素都可按以下类别进行分类：

①内部自然因子　包括植被自然演替和降水引起的水位变化。

②内部人为引发的因子　包括外来入侵物种的传播、湿地发生的污染、不适当的行为或可持续的行为及农业的行为。

③外部自然因子　包括湿地外部产生的因子，如气候变化的正面和负面影响以及大气环流或海平面变化（通过湿地管理减缓气候变化和海平面上升的影响，请参阅决议Ⅷ.3）。

④外部人为引发的因子　包括调水、改变水流的天然模式、有效的水量分配制度、上游工程导致的淤积减少或增加以及污染。

⑤法律和传统因子　包括法律和传统权利以及湿地管理者承担的义务。法律义务源自国家或地方立法或国际承诺，国家和地方法律将可能成为更重要的因子。传统和文化问题可包括放牧、渔业、采伐权和/或宗教问题（见湿地公约《建立和加强地方社区和原住民参与湿地管理导则》，决议Ⅶ.8；《湿地有效管理中考虑文化价值的指导原则》，决议Ⅷ.19）。

⑥冲突/公共利益因子　包括不同的利益相关方不论是反对或支持，这取决于他们是否认为管理计划能保护他们的权益，或能否为他们提机遇以发展他们的利益。

⑦物质方面的考虑与限制　包括物质因子，如不可获得性，这使得管理目标难以达到。

⑧机构因子　包括对能力和实施机构的任何限制因素以及对组织或机构间的相互关系（或缺少这种关系）的限制因素，这些组织或机构是指负责计划实施及湿地保护与合理利用的相关组织或机构，以及在地方、区域（准同家）和国家层面上直接或间接影响湿地的其他部门。

一旦影响因子被确定，就必须依次考虑这些因子对各个生态特征的作用。生态特征会随着影响因子的变化而变化，重要的是确定变化的方向和找出变化的潜在指标。监测指标的选择是十分重要的。管理者必须重点监测可能产生变化的指标。

既要对生态特征的状态和变化趋势进行监测，又要对威胁因子的状态和影响进行监测。

确定因子变化范围的目的是为每一个因子设定可接受的变化范围，在这范围内，该因子的变化将被视为可接受或容许的。对任何一个影响因子，只要对生态特征有重要影响，就应该对它的可接受水平予以明确。例如，有必要设定外来入侵物种的容许水平，该水平可以是全部清除，不允许它存在；也可以限制它低于一定数量。另外，进行生物限制，如限制湿地草原的灌木范围，限制人的活动如狩猎和捕鱼。

确定因子的变化范围要设定上限或下限，或者两者都要设定。实际上，上限和下限很少用于同一个因子。上限通常用于产生不良作用的因子——它要求确定最大容许度，而下限只用于产生正面作用的因子。在多数情况下，不可能所有因子都能设定精确和科学的限制，但这不是个大问题。因子可允许的变化范围是一种预警系统，采用一触即发的机制，目的是为不等到对生态特征造成长期威胁后才去处理。如果不能获得科学信息，就需要用专业经验代替。关于因子可允许变化范围的确定需要注意以下关键问题：①在多大程度上一个负面因子将可能导致生态特征的变化，即在多大程度上才需采取措施对一个负面因子进行干预；②必须确保正面因子得以维持的最低水平。但是因子的可接受变化范围并不是永远固定不变的，如果有更充足的经验或新的科学信息认为需要修改这些限制，变化范围是可以修改的。图文框举例说明了该过程，指出生态特征和影响生态特征的各因子、管理目标和设定因子可允许的变化范围之间的联系。

【案例】确定生态特征、影响因子、目标可允许的变化范围的管理规划过程

【生态特征】全球受威胁的本土鱼类物种种群数量(因符合标准2和标准7将该湿地指定为国际重要湿地)。

【因子】这些本地鱼类是以休闲娱乐为目的的钓鱼人的捕获目标钓鱼活动可威胁到这些鱼类种群的生存。

【目标】通过对钓鱼活动进行限制，维持这些本地鱼类的种群大小。

设定影响因素可接受的范围(需与当地利益相关方磋商和取得一致意见后通过)：①控制捕鱼人数(通过建立许可证制度)；②限制某种鱼类物种可允许捕获量(例如在捕鱼期每一位渔人只允许带走三条鱼，其余的必须放生)；③限制允许带走鱼的最小尺寸(例如只允许带走20cm以上的成鱼)。

(3)监测管理目标的实现情况，确定并量化绩效指标

管理目标必须是可量化和可测量的。对一个生态特征的所有方面进行测量是难以实现的，我们需要挑选出最能说明生态特征健康状况和管理成效的绩效指标。绩效指标应满足以下几条标准：①是某生态特征的组成要素或同有属性，与生态特征是密不可分的；②是某个生态特征总体状况的指标，除了能够反映这个生态特征的自身状况，对于与这个生态特征相关的其他一些生态特征及它们之间的相互作用也应有指示作用；③必须是可量化和可测量的；④绩效指标应能提供一套经济学的方法，以获得对某一生态特征当前状况进行确定所需的相关证据。

【案例】以下是针对生态特征中的物种和栖息地要素的绩效指标举例

第一，针对物种的绩效指标：①定量指标，即种群大小；当前的个体总数、亲本总数、在年周期中特定时间点的种群数量、种群的分布范同；②定性指标：成活率、生产率、年龄结构。

第二，针对栖息地的绩效指标：①定量指标：栖息地占据的面积大小、栖息地分布；②定性指标：物理结构、反映现状的指示性物种或群落、反映变化的指示性物种或群落。

在管理计划中除了要针对特种和栖息地设定绩效指标外，还应建立针对社会经济和文化特征的绩效指标。

2.5 行动计划

2.5.1 管理项目

时间	何时开展工作，以及工作持续
地点	管理项目将会在湿地的哪个区
执行者/时间	谁去开展工作，需要多长时间
优先权	给予管理项目何种优先权
支出	所需花费的资金数额

对任何一个管理计划来说，必须明确回答下面的一些问题：

一旦管理项目确定下来，为了便于操作实，可以将其并入年度实施计划中。在公众参与和旅游方面，用类似生态特征管理的方法，也应该建立目标、计划和管理项目。国际重要湿地可以吸引大量的旅游观光者，通常可为当地甚至全国的经济带来巨大效益。观光、旅游所获得的收入可以极大地补充国际重要湿地管理所需的经费，所以适当地为公众提供一些观光湿地的机会和设施具有积极意义。在国际重要湿地实施的任何活动都要求有规划，并且无一例外地都要求有详细解说，给旅游观光者提供有用信息，使他们更易于欣赏湿地的美，更深刻地认识到保护湿地环境和生态特征的重要性。

2.5.2 年度审查或短期稽查

为了确定某一湿地是否按管理计划的要求得到管理，应该建立长期的审查机制，使之成为管理计划的一个重要组成部分。审查具有以下几个功能：①审查一个湿地是否正在以规定的标准得到管理；②审查确认管理行为的有效性；③确保湿地特征状态得到准确评估。一般而言，审查过程最好由外部的人员来执行。从第三方的角度，确定湿地管理存在的问题，并为解决这些问题提出建设性的对策和建议。

任务3　湿地调查、评估与监测

【任务目标】

1. 知识目标：陈述出湿地源调查、监测与评估的相应内容、指标及方法。

2. 能力目标：会调查湿地的生态现状，会监测湿地生态特征的现状和变化；能评估湿地健康状况和受威胁程度。

3. 情感目标：加强湿地保护过程的重要性认识，并注重可持续发展。

【任务提出】

调查、监测与评估是湿地成功管理的重要工具。为管理决策的制定提供必要的数据、信息。调查、评估与监测不能与管理脱钩，对制定和实施有效的综合管理计划至关重要。选择当地适宜的湿地，以小组的形式进行湿地资源调查、监测和评估，提交调查报告和监测报告。

【任务实施】

1. 湿地调查

1.1　湿地植物调查

文献查阅法的基础上开展实地调查，在每个湿地斑块(调查单元)内，以最长的直线样带为准，设置至少一条贯穿于调查单元的样带。用GPS按一定间距均匀布设样地，在每个样地范围确定一个调查样方，然后调查植被类型及面积，调查优势植物，并记录自然植物的种类组成：中文名、拉丁学名、科属名；数量特征：密度、高度等；保护级别：特有种、罕见种、濒危种、外来(或外来入侵)物种；生活力：高、中、低。

1.2　湿地动物调查

1.2.1　文献资料整理

收集调查湿地区域内湿地动物的有关考察报告和学术专著等相关资料，了解调查区域的调查历史和湿地动物的分布记录，并参照相关动物志等专著，整理出调查区域湿地动物的初步名录。

1.2.2　调查访问

根据调查区域内初步整理的湿地动物名录，针对调查区域周边社区村民，开展“非诱导式”访问。调查访问内容主要为大中型兽类、鸟类及两栖爬行类动物。通过当地村民对动物主要特征和习性的描述，以及相关物种图片的指认，进一步了解调查区域内的动物种类、数量及其分布地点。

1.2.3　实地调查

(1)确定调查季节和时间

动物调查时间应选择在动物活动较为频繁、易于观察的时间段内。

如水鸟数量的调查在繁殖季和越冬季进行，繁殖季一般为每年的5～6月，越冬季为12月至翌年2月，调查时间应选择在调查区域内的水鸟种类和数量均保持相对稳定的时期，并在较短时间内完成。一般同一天内数据可以认为没有重复计算，面积较大区域可以采用分组方法在同一时间范围内开展调查，以减少重复记录。

两栖爬行动物的调查工作既需要在白天，也需要在夜晚进行。白天主要调查爬行类动物和有尾两栖类动物，夜间则主要是调查无尾两栖动物，以及壁虎类、部分蛇类。

(2)物种调查

■ 水鸟调查

水鸟数量调查采用直接计数法和样方法，在同一个湿地区中同步调查。

①直接计数法　调查时以步行为主，在比较开阔、生境均匀的大范围区域可借助汽车、船只进行调查，有条件的地方还可开展航调。直接计数法是通过直接计数而得到调查区域中水鸟绝对数量的调查方法。适用于越冬水鸟及调查区域较小、便于计数的繁殖群体的数量统计。

记录对象：以记录动物实体为主，在繁殖季节还可记录鸟巢数，再转换成种群数量。

计数可借助于单筒或双筒望远镜进行。如果群体数量极大，或群体处于飞行、取食、行走等运动状态时，可以 5、10、20、50、100 等为计数单元来估计群体的数量。春、秋季候鸟迁徙季节的调查以种类调查为主，同时还应兼顾迁徙种群数量的变化。

②样方法　通过随机取样来估计水鸟种群的数量。在群体繁殖密度很高的或难于进行直接计数的地区可采用此方法。样方大小一般不小于 50m×50m；同一调查区域的样方数量应不低于 8 个，计数方法同直接计数法。

■两栖、爬行、兽类动物调查

两栖、爬行动物以种类调查为主，采用样方法：即通过计数在设定的样方中所见到的动物实体或痕迹，然后通过数量级分析来推算动物种群数量状况。样方应尽可能设置为方形、圆形或矩形等规则几何图形，样方面积不小于 100m×100m。

湿地兽类调查主要采用样线法进行，样线的布局设置区域根据访问调查所获取的兽类分布信息来确定，观察记录样线两侧所发现的动物实体、叫声，并对兽类的活动痕迹(足迹、足迹链、卧迹、粪便等)进行测量记录，同时记录所发现动物实体或痕迹所处生境、海拔高度等有关数据和资料。

■鱼类调查

鱼类调查主要通过捕捞和文献资料信息搜集的方式进行，重点查清湿地中现存的经济鱼、珍稀濒危鱼的种类。

2. 湿地监测

2.1　湿地植物监测

2.1.1　草本/木本植物

(1)监测内容

监测样方内的生境基本状况、物种名称、数量、高度、生活力、物候期、人为干扰等。

(2)监测

■样方法

适用于植物呈集群式分布。在目的物种分布的主要地段，兼顾目的物种不同的种群密度设置固定监测样方，记录设置样方和所监测物种的相关信息。

样方信息包括：样方设置的时间、地点和面积，样方所在地的湿地类型、地形地貌、坡向、积水情况、群落名称、优势种、干扰方式和程度等内容。

所监测的物种信息包括：监测时间、植物名称、样方株数、生活型、生活力等内容。

样方布局原则：

①选择能够代表湿地植物群落基本特征的地段；

②选择不同人为干扰程度的区域；

③沿着水浸梯度变化的方向设置；

④地表形态起伏不平的，可沿着地形梯度变化方向设置；

⑤避开危险地段。

■样带法

适用于植物呈随机和均匀式分布。在目的植物分布的区域范围内分别不同植被类型均匀布设样带，或沿等高线每上升100m设置监测样带，样带宽10m，长度根据目的植物分布范围定。样带中线用卫星定位仪记录地理坐标，记录样带设置的时间、地点，样带编号，以及监测时间、监测人员，所监测植物的名称、所处群落类型、坡向、积水情况、物候期、生活力、干扰方式和程度、物种重要性等内容。

样带布局原则：

①选择不同人为干扰程度的区域；

②地表形态起伏不平的，可以沿着地形梯度变化的方向设置，应涵盖调查单元内最低、最高海拔；

③沿着水浸梯度变化的方向设置；

④根据湿地面积大小和湿地生境复杂程度适当确定调查样带的数量；

⑤在每个调查单元内，以最长的直线样带为准，设置至少一条贯穿于调查单元的样带。

(3)核实法

适用于植物分布区狭窄、分布点少、分布面积小、种群数量稀少并便于直接计数。全面收集并分类整理以往专题调查资料，将目的植物分布点标记在地形图、卫星影像图或相关湿地植被分布图上。再核实目的植物分布面积、种群数量的变化情况。

(4)监测频度

一年一次，选择在植物生物量最高时段监测。

2.1.2 外来入侵植物

(1)监测内容

监测样带(方)内生境基本状况、入侵物种名称、分布地点、入侵面积、种群结构、生活力、入侵途径、繁殖方式、扩散方式、防治措施等。

(2)监测方法

■样带法

沿监测样带行走，定点记录外来入侵植物种信息并拍摄，记录样带设置的时间、地点，样带编号，以及监测时间、监测人员，所监测植物的名称、所处群落类型、坡向、积水情况、群落名称、群落干扰程度、入侵物种基本信息、入侵面积、入侵途径、繁殖方式、扩散方式、防治措施等内容。

■样方法

记录样方内外来入侵植物种信息(同草本/木本植物样方法记录信息)并拍摄。

样带(方)设置原则:

①在入侵植物分布区域范围内均匀布设 2~5 条监测样带，样带宽 10 m，样带长度≥1 km;

②沿样带每隔 100m 设置 1~2 个 1 m×1 m 的样方。

(3)频度

木本植物一年一次；草本植物一年二次。

2.2 湿地动物监测

2.2.1 鸟类

(1)监测内容

包括湿地范围内鸟类种类，保护物种、极小种群物种种群数量及成幼比。

(2)监测方法

①分区直数法 日出后 4h 内进行监测，大雾、大雨、大风天气除外。按分区同步直接统计监测区内鸟类种类及主要物种种群数量。记录监测时间、地点、人员，动物种名，成体性别，生境描述，监测数量等信息，并拍摄照片。一般各分区连续统计两次或由俩人分别统计一次，间隔 5d 后作一次重复监测。

②样点法 日出后 4h 内进行监测，大雾、大雨、大风天气除外。监测者到达监测样点后，一般先安静等待 5min 再开始计数，每一样点监测时间为 10min。记录观察到或听到的鸟类种类及种群数量等信息，并拍摄照片。每样点间隔 5d 后作一次重复监测。

③样线法 日出后 4 h 内进行监测，大雾、大雨、大风天气除外。监测者沿固定样线行走(步行或航行)，速度约 1~2 km/h，观察并记录样线两侧和前方看到或听到的鸟类种类及种群数量等信息，不记录从监测者身后向前飞鸟类，并拍摄照片。每条样线间隔 5d 后作一次重复监测。

(3)监测分区、样线、样点设置原则

■分区直数法分区原则

①根据具体地势和物种分布情况分区；

②分区间有明显景观界限；

③观察点视野开阔。

■样点设置原则

①与植被和其他动物样点相结合；

②鸟类频繁活动的主要生境类型；

③各样点间距离≥500 m;

④湿地面积≤100 hm^2设置样点 4 个，湿地面积每增加 100 hm^2增加 2 个样点，最多设置 30 个样点；

⑤样点半径视野范围确定。

■样线设置原则

①与植被和其他动物样线相结合；

②尽可能覆盖监测物种在湿地范围内的生境类型；

③利用现有小路或固定航线；

④每一样线相对独立，各样线间距离≥500 m;

⑤湿地面积≤100 hm^2设置样线3条，湿地面积每增加100 hm^2增加1条样线，最多设置15条样线；

⑥样线长度应≥2 km。

(4) 监测频度

春季、夏季和冬季各一次。

2.2.2　两栖类

(1)监测时间

每年监测2～3次，4—10月进行，繁殖期至少进行一次监测。

(2)监测方法

①样带监测　沿监测样带以1～2 km/h速度行走。边走边聆听与观察，听到或看到两栖动物时，确定其种类、数量和活动状况，并拍摄照片。每条样带间隔3～5d做一次重复监测。对野外不能确定的物种需采集少量标本做鉴定。记录监测时间、监测人员、样带编号、地理坐标，监测动物名称、数量、形态、生境、行为等信息。

②样方监测　监测样方内听到或看到的两栖类动物种类、数量和活动情况，并拍摄照片。每样方间隔3～5d后做一次重复监测。对不能确定的物种需采集少量标本作鉴定。记录监测时间、监测人员、样方编号、地理坐标，监测动物名称、数量、形态、生境、行为等信息。

③围栏陷阱法　在监测期隔天上午7：00—10：00察看围栏陷阱，收集物种信息，对每一个捕捉到的个体拍摄照片，记录完后释放。重复监测7～10d。记录相关信息同样方监测。

(3)样地设置

样带应按以下原则设置：

①被监测物种的主要生境类型；

②主要活动区域为溪流的监测对象应沿溪流分段布设；

③每种生境类型设置3～5条样带；

④样带宽8～12 m，长0.5～2.0 km。

样方应按以下原则设置：

①两栖类动物繁殖期间集中活动的区域；

②被监测物种的主要生境类型；

③符合监测对象的特点；

④样方面积10 m×10 m，按照每种生境类型监测面积的1%确定样方数量。

⑤围栏陷阱应按以下原则设置：

⑥两栖类动物繁殖期间集中活动的区域；

⑦被监测物种的主要生境类型；

⑧每种生境类型布置3～5条围栏，每个围栏设置10～16个陷阱。

2.2.3　爬行类

(1) 监测时间

每年监测二次，4—10月。具体监测时间根据被监测物种的生态及监测目的确定。

(2)监测方法

同两栖类动物的监测相同。

(3) 样地设置

样带法应按以下原则设置：

①包括被监测物种的主要生境类型；

②沿其主要活动区域分段布设；

③每种生境类型设置 4～6 条样带；

④小型物种样带宽度为 8～12 m，大型物种为 16～20 m；样带长度 1～3 km。

样方法应按以下原则设置：

①针对小型爬行类动物物种；

②爬行类动物集中活动的区域；

③被监测物种的主要生境类型；

④样方面积 10 m×10 m，按照每种生境类型监测面积的 1% 确定样方数量。

⑤围栏陷阱法应按以下原则设置：

⑥针对小型爬行动物物种；

⑦爬行类动物集中活动的区域；

⑧被监测物种的主要生境类型；

⑨每种生境类型设置 4～6 条围栏，每个围栏设置 10～16 个陷阱。

2.2.4　兽类

(1)监测内容

包括主要利用湿地生存的兽类种类，保护物种、极小种群物种种群数量或各种痕迹数量，湿地兽类成幼比。

(2)监测时间

每年监测二次，于 3～5 月和 10～12 月进行。

(3) 监测方法

①样带法　监测者沿样带按 1～2 km/h 的速度行走。观察兽类实体或兽类活动遗留踪迹(足迹、粪便、擦痕、抓痕、洞穴、脱毛、食痕、尿迹等)。记录监测时间、监测人员，样带编号、地理坐标，监测动物名称、数量、痕迹类型、生境等信息，并拍摄照片。每条样带间隔 7d 后作一次重复监测。

②铗日法　监测者傍晚安装鼠铗，隔天上午 7：00～10：00 察看鼠铗捕捉物种情况，收集物种信息。对每一个捕捉到的个体拍摄照片，记录监测时间、监测人员，样带编号、地理坐标，监测动物名称、性别、数量、生境等信息，记录完后释放。连续监测 2d，间隔 7d 后作一次重复监测。

③样带设置、布铗原则

样带设置原则：样带长度设置同鸟类监测样线设置原则，宽度根据监测对象确定。

布铗原则：

——被监测物种分布的主要生境类型；

——湿地面积≤100 hm^2 设置样带 4 条，湿地面积每增加 100 hm^2 增加 1 条样带，最多设置样带 10 条；

——样带宽 50 m，每一样带布设鼠铗 2 行共计 100 个，按铗距 5 m、行距 50 m、50 铗为一行布设。

(4)监测频度

春季、夏季和冬季各一次。

2.2.5 鱼类

(1)监测内容

包括监测区内鱼类种类，保护物种、极小种群物种、地方特有种种群数量。

(2)监测方法

■渔获物法

①刺网法 适于水流较缓的河流、湖泊鱼类监测。将一层或多层塑料线织成不同规格网目的长方形网体，上缘配附浮子，下端配附铅制沉子，垂直张开设于水体中，等待鱼类游入而被网目缠住。记录监测时间、地点、人员，监测方法/工具，动物种名、数量、重量等信息，并拍摄照片。记录完后释放，需要时可采集少量标本。

②地笼网法 适用于湖泊、河流、洞穴鱼类监测。地笼长度和宽度依捕捞水面的不同而定。用竹条和铁丝做框架，外面用塑料网布包缠，网两端或中间制成网兜，使渔获物只能进不能出。记录(内容同刺网法)并拍摄照片。记录完后释放，需要时可采集少量标本。

③拖网法 适用于湖泊鱼类监测。拖网由拖拽缆绳和网具构成。在监测水域内沿一定方向拖动网具，采集鱼类。记录(内容同刺网法)并拍摄照片。记录完后释放，需要时可采集少量标本。

■仪器观测法

适用于河流、湖泊或洞穴鱼类监测，分为移动和定点摄影。移动摄影是在监测区域内沿计划路线(直线，100 m)操作水下摄像机，录制图像，完成摄影工作。定点摄影一是在监测区域内，固定水下摄像机操作台，操作水下摄像机，在以操作台为圆心、半径为 10 m的范围内自由摄录；二是在监测区域内，固定水下摄像机操作台，固定水下摄像机，在水下摄像机不动或仅镜头转动情况下，摄录镜头前鱼类活动。

■仪器探测法

适用于河流、湖泊，水深≥1 m 的水域。运用回声探测仪对鱼类群落种类组成与数量特征进行监测。监测时，将数字换能器用铁架固定，安装于监测船船体前方左侧 1.5 m、吃水 0.5 m 处，换能器经数据电缆线与主机连接，主机另外连接 GPS 以测量鱼的坐标位置。监测船按一定距离采用平行式走航探测，控制船速为匀速状态。依次获取数据信号，记录以备整理分析。

(3)监测频度

春季、夏季和冬季各一次。

2.2.6 外来入侵动物

(1)监测内容

鸟类、两栖类、爬行类、兽类、鱼类、软体动物、甲壳动物等外来入侵动物种类；发现外来入侵动物物种的具体地点；外来入侵动物物种的种群数量和分布面积。

(2)监测方法

与其他物种监测相同，记录监测时间、地点、人员，动物种名、分布地点、种群数量、分布面积、入侵方式等信息，并拍摄照片。

2.3 湿地环境监测

2.3.1 气象监测

(1) 监测内容

空气温度、湿度、风速、风向、降水、蒸发、地温、日照等。

(2) 监测方法

利用自动气象站观测，记录监测人员、监测点、监测日期、空气温度、湿度、风速、风向、降水、蒸发、地温、日照等信息。

2.3.2 水质监测

(1)监测内容

pH 值、溶解氧(DO)、氨氮、总氮、总磷、化学需氧量(COD)、砷、高锰酸盐指数、五日生化需氧量、挥发酚、总硬度和叶绿素 a 等。

(2)监测方法

按国家标准《生活饮用水标准检验方法》执行 GB 5750.1～13—2006。

2.4 湿地保护状况监测

(1)监测内容

湿地管理机构基本信息、湿地影响因子。湿地影响因子包括社会经济、日游客数量、农业生产、渔业捕捞、养殖业、水资源利用、基础设施建设以及禁止性行为。

(2)监测方法

① 资料收集法　向统计、国土、环保、旅游、农业、林业、水利、交通、畜牧相关职能部门、设计部门和经营单位，收集相关资料与数据。

② 现地调查　湿地的基础设施建设、禁止性行为采用现地勾绘计算影响面积、记录危害情况、评估影响程度。

【任务评价】

评价内容		分值	评价标准	组内赋分	组间赋分	教师赋分	备注
职业素养		30	1. 认真、严谨的工作态度 2. 分工合作，团队意识强 3. 吃苦耐劳、脚踏实地的经工作作风				
内容	调查	20	方法恰当、程序正确、记录完善、分工合作				
	报告	15	全面，分析到位，建议合理				
	监测	20	方法恰当、程序正确、记录完善、分工合作				
	报告	15	全面，分析到位，建议合理				
总计得分							
综合得分							

【知识准备】

调查、监测与评估相互之间有着本质区别，但项目实施中却很难将它们彻底分开。湿地调查是指系统、全面地收集或整理湿地管理需要的核心信息，包括湿地评估和监测活动需要的基础数据。湿地监测是指为湿地管理收集资料、论证假设、实施管理。湿地评估是指利用监测获取的具体信息，评估湿地健康状况和受威胁程度。从本质上讲，湿地调查是用于收集信息，描述湿地的生态特征；评估是考虑生态特征面临的压力及发生不利变化的风险；监测，既包括野外调查又包括监督，提供任何空间尺度上湿地变化的信息，还包括三者交互式地收集数据。湿地调查、监测与评估为制定战略、政策和管理措施提供必要的信息支撑，最终达到维持湿地生态系统特征和生态系统服务功能的目的。

1. 湿地调查

通过湿地资源调查，查清湿地资源及其生态环境状况，了解湿地资源的动态消长规律，建立湿地资源数据库和管理信息平台，对湿地资源状况进行客观的分析和评价，为湿地资源的保护、管理和合理利用提供基础数据和科学决策依据。

1.1 湿地调查类型

根据湿地保护管理工作的需要，系统、全面地收集或整理湿地保护管理需要的核心信息，确定湿地地点，描述湿地生态特征，包括湿地面积、湿地类型、分布、自然环境要素、水环境要素、湿地野生动物、湿地植物群落与植被、湿地保护与利用状况、受威胁状况等内容。

(1)一般调查

指对所有符合调查范围要求的湿地斑块进行面积、湿地型、分布、植被类型、主要优势植物和保护管理状况等内容的调查。

(2)重点调查

指对符合以下条件之一的湿地进行的详细调查：

①已列入《湿地公约》国际重要湿地名录的湿地。

②已列入《中国湿地保护行动计划》的国家重要湿地名录的湿地。

③已建立的各级自然保护区、自然保护小区中的湿地。

④已建立的湿地公园中的湿地。

⑤除以上条件之外，符合下列条件之一的湿地：

——省区特有类型的湿地；

——具有特有的濒危保护物种的湿地；

——面积 $>10\ 000hm^2$ 的近海岸湿地、湖泊湿地、沼泽湿地和水库；

——红树林；

——其他具有特殊保护意义的湿地。

1.2 湿地调查的方法

(1)“3S”技术

以遥感(RS)为主、地理信息系统(GIS)和全球定位系统(GPS)为辅，通过遥感解译获取湿地型、面积、分布(行政区、中心点坐标)、平均海拔、植被类型及其面积等信息。

(2)实地调查

通过野外调查、现地访问和收集资料等获取调查区域的水源补给状况、主要优势植物种、土地所有权、保护管理状况等相关情况数据。

1.3 湿地调查的时间和季节

湖泊湿地、河流湿地、沼泽湿地以及人工湿地的调查应在丰水期进行。如果丰水期的遥感影像的效果影响到判读解释的精度，可以选择最为靠近丰水期的遥感影像资料。近海与海岸湿地的调查应选取低潮时的遥感影像资料。

湿地的外业调查应根据调查对象的不同，分别选取适合的时间和季节进行。

1.4 湿地调查的内容

(1)一般调查的内容

调查湿地型、面积、分布(行政区、中心点坐标)、平均海拔、所属流域、水源补给状况、植被类型及其面积、主要优势植物种、土地所有权、保护管理状况；河流湿地的河流级别等内容。

(2)重点调查的内容

除一般调查所列内容外，还应调查：

①自然环境要素　包括位置(坐标范围)、平均海拔、地形、气候、土壤。

②湿地水环境要素　包括水文要素、地表水和地下水水质。

③湿地野生动物　重点调查湿地内重要陆生和水生湿地脊椎动物的种类、分布及生境状况，包括水鸟、兽类、两栖类、爬行类和鱼类，以及该重点调查湿地内占优势或数量很大的某些无脊椎动物，如贝类、虾类、蟹类等。

④湿地植物群落和植被。

⑤湿地保护与管理、湿地利用状况、社会经济状况和受威胁状况。

1.5 湿地调查的一般工作程序

(1)确定调查湿地

根据湿地保护管理工作的需要，明确调查区域、调查内容、调查方法等。

(2)编制调查《工作方案》和《实施细则》

根据国家关于湿地资源调查的相关指导性文件(《全国湿地资源调查技术规程》等)，编制符合调查地实际情况的《工作方案》和《实施细则》。《工作方案》中明确调查目的、意义和方法，成立领导小组，组建专家技术咨询团队和调查队伍，提出工作计划和各个阶段的任务安排，确定调查成果产出。《实施细则》中确定调查范围、内容、时间，按要求开展外业调查，汇总分析形成调查成果。

(3)成立调查队伍

由专业的调查规划单位或大专院校、科研院所相关学科专家牵头，调查区域所在地相关技术人员配合，形成调查队伍，具体负责各项调查工作。

(4)运用"3S"技术获取相关基础信息

通过遥感数据处理、判断、信息提取、汇总、成图等，获取湿地型、面积、分布(行政区、中心点坐标)、平均海拔、植被类型及其面积等基础信息。

(5)湿地斑块划分

湿地斑块是湿地资源调查、统计的最小单位。单个湿地小于8 hm^2，但各个湿地之间相距小于160m，且湿地类型相同的，区划为统一湿地斑块，但仅统计湿地区域的面积。主要是针对青藏高原的高原湖泊群，面积均不大，但是很多，且成群分布。在遥感解释时，可以灵活掌握。

(6)开展现地调查

在运用"3S"技术获取相关信息的基础上开展野外调查，现地验证前期遥感解译提供的数据信息，调查水源补给状况、土地所有权、植物群系及优势植物、保护管理状况等因子。在现地调查过程中采用遥感影像、地形图、GPS相结合的方法，以确保调查区域位置、类型与范围的准确性。

(7)根据工作需要开展专项调查

根据遥感影像确定调查范围，组织调查队对调查区域进行GPS定位、样方设置、植被调查、动物调查，采集植物标本，调查水环境要素、湿地利用和保护情况，以及湿地管理状况等。

①自然环境要素调查　由调查人员通过野外调查、收集最新资料等方式进行，主要记录土壤类型、年平均降水量(mm)、年平均蒸发量(mm)、年平均气温(℃)等信息。

②水环境要素调查　湿地水环境调查项目主要通过收集资料的方法获取相关数据，并注明资料出处和年份。无法获取数据的，由调查人员通过野外调查获取湿地水文数据，并在野外选取典型地点采集水样，送由具有专业资质的单位进行化验分析，获取相关水质数据(表3-1)。

③湿地野生动物调查　主要采用常规调查(直接计数法、样点调查法、样方调查法、样带调查法和样线调查法)、专项调查和资料收集等方法。

——水鸟调查采用直接计数法(小区直数法)和样点法。面积较小的调查区域，在陆地制高点或岸边直接统计该区域的水鸟种类和数量；面积较大的调查区域，使用船只进入或利用道路分片进行观察统计，观察统计时首先利用明显的地物标志将调查区域划分为数个统计小区，在全部小区统计完成后将各小区的数量相加，得到该湖泊或水库的水鸟种类和数量，调查时注意记录在该观察区内活动和从一个地区飞到另一地区的水鸟种类和数量，尽量避免重复计数。对无法进行全部统计的调查区域，采用随机抽样的方法抽取3～4个观察点，利用样点法观察调查区域内的水鸟种类和数量，经统计分析得出该区域的水鸟密度和种群数量。调查时以GPS记录地理坐标和海拔高度等信息。利用单筒望远镜观察，以1km为扫描半径(以激光测距仪测定距离)，以录音笔录音(或以绘图法)记录水鸟种类、数量、所在栖息地类型。通过扫描，记录半径1km内的水鸟种类、种群数量、所在栖息地类型、行为方式等信息。对特殊的物种，利用相机拍摄记录。

——两栖、爬行类动物调查以种类调查为主，采用野外踏查(样方法)、走访和利用近期调查资料相结合的方法。依据看到的动物实体或痕迹进行估测，在调查现场换算成个体数量。

——兽类调查以种类调查为主，采用野外踏查(样带调查法和样方调查法)、走访和利用近期的野生动物调查资料相结合的方法。

——鱼类以及贝类、虾类等的调查以收集现有资料为主，主要查清湿地中现存的经济鱼、珍稀濒危鱼、贝类、虾类等的种类及最近三年来的捕获量。

——对于野外调查不易获得数据的，可以根据现有资料收集数据，但应注明资料来源、资料年限等。

表 3-1 水环境要素调查表

调查人：　　　　　　　　　　调查时间：　　年　月　日

湿地名称							
类别	调查要素	调查内容					
水文要素	水源补给状况	1. 地表径流 2. 大气降水 3. 地下水 4. 人工补给 5. 综合补给					
	流出状况	1. 永久性 2. 季节性 3. 间歇性 4. 偶尔 5. 没有					
	积水状况	1. 永久性积水 2. 季节性积水 3. 间歇性积水 4. 季节性水涝					
	丰水位(m)		平水位(m)		枯水位(m)		
	最大水深(m)			平均水深(m)			
	蓄水量($\times 10^4 m^3$)						
	资料来源						
地表水水质	pH 值		pH 分级				
	矿化度(g/L)		矿化度分级				
	透明度(m)		透明度等级				
	总氮(mg/L)						
	总磷(mg/L)						
	营养状况	1. 贫营养 2. 中营养 3. 富营养					
	化学需氧量(mg/L)						
	主要污染因子						
	水质级别						
	测定方法或资料来源						
地下水水质	pH 值		pH 分级				
	矿化度(g/L)		矿化度分级				
	水质级别						
	测定方法或资料来源						

④湿地植物群落与植被调查

——调查方法。在开展野外调查之前，系统查阅相关湿地(调查区)生态特征的前期研究成果，如正式出版、发表的论文及专著等；整理不同湿地区植物区系记录、建群种、植物群落类型、群落结构、群落分布等相关研究资料。在此基础上，通过对被调查湿地的预研究（即在前期资料收集与分析的基础上），确定调查区生态因子梯度变化是否明显，从而采取相应的湿地植物群落调查方法。

——样地和样方的布局。在每个调查单元内，以最长的直线样带为准，设置至少一条贯穿于调查单元的样带。用 GPS 按一定间距均匀布设样地，在每个样地范围确定 1 个调查样方的位置。确定调查样方位置时要考虑样方的典型性和代表性、自然性、操作性。

⑤湿地保护、利用与受威胁状况调查　主要通过野外踏查、走访调查以及收集资料等方法，了解湿地的保护与利用、社会经济状况、湿地破坏和受威胁情况（表 3-2、表 3-3、表 3-4），重点查清对湿地产生威胁的因子、作用时间、影响面积、已有危害及潜在威胁。

表 3-2　湿地保护和管理状况调查表

调查地点：　　　　　　　　　　调查时间：　　　年　　月

湿地名称							
主要管理部门			土地所有权	1. 国有　2. 集体（有承包）　3. 集体（无承包）			
已有的保护措施							
已采取保护措施的面积（hm^2）			占全部湿地的百分比				
保护地名称		级别		总面积（hm^2）		建立时间	
主要保护对象		主管部门		经营管理机构			
人员编制	日常经费	管理人员	科技人员	车辆数量	科研投入	宣教投入	主要科研活动

表 3-3　湿地功能和利用现状调查表

调查日期：　　年　　月　　日　　　　　　　　　调查人：

湿地名称						
序号	湿地功能	调查因子				
1	水资源（$\times 10^4 t$）	总取水量	工业取水量	农业取水量	生活取水量	生态用水量
2	天然动物产品	产品名称	鱼	虾	蟹	软体类
		产量（t）				
		价值（万元）				
3	天然植物产品	产品名称				
		产量（t）				
		价值（万元）				
4	人工养殖与种植	品种	鱼	虾	蟹	贝
		产量（t）				
		价值（万元）				

（续）

湿地名称						
序号	湿地功能	调查因子				
5	矿产品及工业原料	品种	泥炭	石油	芦苇	
		产量（t）				
		价值（万元）				
6	航运	通航里程（km）	年通航时间（d）	货运量（$\times 10^4$t）	客运量（万人）	
7	旅游疗养	疗养院数量（个）	宾馆数量（个）	游客量（万人）	疗养人数（万人）	
8	体育运动	运动项目名称				
		接待人数（万人）				
		产值（万元）				
9	调蓄	调蓄河流名称				
		调蓄能力（m^3）				
10	泥炭储存	储存量（t）				
11	水利发电	装机容量（kWh）		发电量（kWh）		
12	其他					

湿地的主要利用方式及其详细说明：

注：1. 空白栏目中可填入表中未列入的种类。
2. “其他”栏填入未列出的其他湿地功能及相应描述。
3. 各数据均以年为单位统计。

表 3-4　湿地受威胁现状调查表

调查日期：　　年　　月　　日　　　　　　　　　　调查人：

湿地名称					
序号	威胁因子	起始时间（年）	影响面积（hm^2）	已有危害	潜在威胁
1	基建和城市化				
2	围垦				
3	泥沙淤积				
4	污染				
5	过度捕捞和采集				
6	非法狩猎				
7	水利工程和引排水的负面影响				
8	盐碱化				
9	外来物种入侵				

（续）

湿地名称					
序号	威胁因子	起始时间(年)	影响面积(hm^2)	已有危害	潜在威胁
10	过牧				
11	森林过度采伐				
12	沙化				
13	旅游				
14	其他				
湿地受威胁状况等级		1. 安全 2. 轻度 3. 重度			

(7)调查结果汇总

①建立湿地资源数据库　根据遥感解译结果、各调查区域外业调查成果和相关资料，确定各湿地边界，输入各调查因子，对湿地照片按调查区域进行整理，录入照片相关信息，建立湿地资源数据库。

②湿地类、湿地型和面积汇总　根据遥感解译结果、外业调查成果和相关资料，将各调查区域以及属性输入 GIS 软件的数据库，通过汇总统计，得到各湿地区、湿地类、湿地型等各项调查因子。

③主要自然环境状况汇总　分别对主要湿地类型的水资源情况、调查范围内的社会经济状况(包括各湿地范围内的乡镇名称、面积、人口、人口密度、工业总产值、农业总产值等)、保护管理情况(包括湿地保护地的名称、面积、保护对象、保护级别、主管部门等)进行分类统计汇总。

④湿地动物调查汇总　按水鸟、两栖类、爬行类、兽类、鱼类、虾类动物的中文名、拉丁名、保护等级、数量状况、主要分布区、小生境等进行分别汇总。

⑤湿地高等植物调查汇总　包括苔藓、蕨类、裸子、被子植物各种的中文名、拉丁名、保护等级、数量状况、主要分布区、小生境等，对主要湿地植被类型进行统计汇总。

⑥报告编写及成果图制作　编写湿地资源调查报告，绘制湿地资源分布图、湿地资源野外调查样地点位图、湿地保护地位置图等图件。

2. 湿地监测

2.1 湿地监测

湿地监测是指对某一湿地在一定时期内生态特征变化进行测度的过程。生态特征是指湿地生态系统的生物、化学和物理组成部分及其相互作用的总和，维持着湿地及其产品、功能和特性。湿地监测通过建立相应的监测站、点进行。以云南为例，16 个州、市目前共规划了 12 个生态监测站，20 个监测点(表 3-5)。

表 3-5 云南省湿地监测网络体系布局一览表

湿地生态区	州、市	监测站	监测点
滇西滇西北	大理白族自治州、丽江市、怒江傈僳族自治州、迪庆藏族自治州	碧塔海、拉市海、洱海、洱源西湖共 4 个	纳帕海、白马雪山、高黎贡山(怒江)、泸沽湖、云龙天池、剑湖、丽江老君山、鹤庆草海共 8 个
滇东北	昭通市、曲靖市	大山包、沾益海峰共 2 个	会泽黑颈鹤栖息区、巧家马树共 2 个
滇中和滇东	昆明市、楚雄市、玉溪市	滇池、抚仙湖共 2 个	哀牢山(楚雄)、杞麓湖、寻甸黑颈鹤共 3 个
滇东南	红河哈尼族彝族自治州、文山壮族苗族自治州	丘北普者黑、哈尼梯田共 2 个	长桥海、异龙湖共 2 个
滇南	西双版纳傣族自治州、普洱市、临沧市	普洱市共 1 个	勐梭龙潭、西双版纳傣族自治州、临沧市共 3 个
滇西南	德宏傣族景颇族自治州、保山市	腾冲北海共 1 个	高黎贡山(保山)、德宏傣族景颇族自治州共 2 个
合计	16	12	20

2.2 湿地监测的意义

湿地监测的主要任务是查清湿地的生态现状，建立湿地监测网络，以便全面、及时、准确地掌握湿地的动态变化，定期提供动态监测数据与监测报告，分析变化的原因，为湿地的保护与管理提供科学决策依据，对评估湿地生态保护成效、提出保护与合理利用的对策与建议，推进生态文明建设具有重要的现实意义。

2.3 常规的湿地监测内容

(1)湿地类型、面积、分布状况

采用遥感与现地调查相结合的方法。

(2)代表性植物群落动态监测

有代表性的沉水、漂浮、挺水、沼生湿地植物群落动态变化、发展趋势以及内在联系。

(3)重要物种动态监测

湿地分布的动植物动态变化、发展趋势以及内在联系，以重点保护物种(指列入国家或省重点保护物种名录的物种)、濒危物种(濒危物种指符合世界自然保护联盟(IUCN)制定的物种濒危等级标准中的极危、濒危、易危野生物种，或者中国濒危物种红皮书确定的极危、濒危和易危野生物种及栽培、家养物种的野生近缘种)、狭域特有物种、关键种、指示物种、外来入侵物种，以及具有重要研究价值或较高经济价值的物种为重点监测对象。

(4)湿地气象、水文、水质、土壤等动态变化及对湿地的影响

①气象要素　空气温度、相对湿度、地表温度、空气湿度、降水量、蒸发量等。

②水文　水位、潜水埋深、地表水深(湖泊、河流、沼泽湿地)、盐度、水温等。

③地表水水质　必须监测的项目为 pH 值、溶解氧、五日生化需氧量、高锰酸盐指数、氨氮、总硬度、挥发酚、总砷、总磷、总氮、叶绿素 a、透明度共 12 项。

④地下水水质　必须监测的项目为 pH 值、矿化度(M)、总硬度(以 $CaCO_3$ 计)、氨氮、挥发性酚类(以苯酚计)、高锰酸盐指数 6 项。

⑤土壤　土壤温度、含水量、pH 值、有机质、全氮、全磷、全钾、全盐量、重金属等。

(5)湿地保护状况

包括管理机构基本信息以及社会经济、日游客数量、农业生产、渔业捕捞、养殖业、水资源利用、基础设施建设以及禁止性行为等对湿地动态变化的影响。

2.4　监测程序

(1)确定监测对象和监测内容。

湿地监测的内容取决于为什么要对湿地进行监测，以便更好地了解湿地功能和明确湿地需要保护的对象。

(2)制订监测计划

包括：监测目的、范围、对象、内容、方法、地点、时间、人员等。

(3)做好监测准备

准备监测所需要的各种资料、仪器和设备

(4)开展技术培训

统一技术方法与要求，掌握监测所需的地图及设备使用、样方测设、物种识别、采样等基本技能。

(5)实施监测工作

按照监测计划开展样方测设、调查、采样、检测、拍摄照片、记录。

(6)监测数据整理、录入与分析

对监测数据分门别类进行整理、录入数据库，并对数据进行分析。

(7)编写监测报告

按监测报告一般要求，编写监测报告，为管理决策部门提供参考。

2.5　数据和样本整理保存

(1)原始数据的检查与录入

每次监测调查结束后，及时核对记录表格，并对记录表格进行整理、录入，存储到监测数据库中。

(2)植物凭证标本制作

每天调查结束后，及时核对、鉴定并制作凭证标本，妥善保存。

(3)制作监测物种野外种群分布图

基于 GIS 软件，利用监测数据制作：

①植物群落、植物种监测样地、样线分布图和监测物种分布位点图。

②动物监测样线(点)分布图和兽类动物在监测样带上的时空分布位点图(不同生境、不同海拔区间、不同管护片区等)。

③外来干扰(人为和外来入侵植物种干扰)威胁示意图。

(4)图片资料存储

监测过程中拍摄到的照片应及时分类整理，注明拍摄时间、地点、地理坐标、海拔及生境状况等，存储到监测数据库。

(5)监测数据、信息的管理

建立湿地监测数据管理系统，对监测数据进行标准化、定量化和动态化分析评价，编写监测报告。

(6)监测数据整理、录入与分析

把监测到的数据进行整理，按照表格和存档要求录入数据，分析总结。

(7)编写监测报告

内容包含监测项目名称、监测目的、监测方法、监测内容、负责单位、期限、监测情况、结果分析、建议等。

2.6 监测报告

监测报告编写内容包括：

(1)湿地概况

地理位置及区位条件、自然条件、社会经济状况、湿地保护管理状况等。

(2)监测工作开展情况

监测目的、任务来源、资料来源、组织情况、监测内容与方法、监测时间、完成情况等。

(3)监测结果与分析

分别湿地类型与分布、植被、植物、动物、环境、保护状况编写。

(4)评价和建议

分别对湿地的植被、植物、动物、环境的变化以及保护状况做出评估，给出改善的建议。

(5)报告附图

监测线路及样方(样点、样线、样带)布局图、监测植被类型分布图、监测植物分布图、监测动物分布图、湿地环境状况分级图、湿地保护状况图、监测综合评价图等。

3. 湿地评估

湿地评估是指利用调查、监测获取的具体信息，评估湿地生态特征现状、变化趋势和受威胁程度。

根据不同的评估目的，湿地评估方法包括环境影响评估、战略环境评估、风险评估、脆弱性评估、变化评估(现状和趋势)、具体物种评估、指标评估、资源(生态系统服务功能）评估、湿地效益/服务价值评估、环境需水评估。

3.1 常见的评估方法

3.1.1 环境影响评估

环境影响评估是评估拟建项目或开发活动对湿地生态环境可能造成的影响，以及对有关的社会经济、文化和人类健康的影响，包括正面影响和负面影响。基本操作步骤如下：

（1）审查

从活动的类别，包括受干扰区域的面积、干扰持续的时间长度、干扰发生的频率；拟建项目可能引发的生物物理变化；拟建项目是否会对重要物种分布地、动物觅食地和繁殖地造成影响等方面确定哪些拟建项目需要进行湿地生态环境影响评估，并确定环境影响评估需要达到的水平。

（2）确定范围

从审查阶段确定的问题中筛选出具有显著影响的问题，缩小评估范围。如描述土壤、水、空气、植物、动物潜在的生物物理变化。

（3）影响分析和评估

进一步审查和确定特定区域或阶段的潜在影响，包括确定间接影响和影响的累积效应，并确定影响发生的原因；审查和重新设计替代方案，考虑减缓措施，规划对影响实施管理，对影响进行评估，并与备选方案进行对比。

（4）确定减缓措施

通过寻求最好的办法实施项目活动，以避免活动带来带来负面影响或将其降低到可以接受的水平，增强生态效益，确保公众和个人承受的成本不超过他们获得的效益。

（5）编制环境影响报告书

包括实施该规划或项目对环境可能造成影响的分析、预测和评估；预防或者减轻不良环境影响的对策和措施；环境影响评价的结论。

（6）审查环境影响报告书

保证为决策者提供的信息是充足的、科学的、准确的。同时审查拟建项目可能产生的影响是否都已被确定并在评估报告中进行充分阐述。

（7）决策

确定拟建项目是否可以被批准实施，以及在何种条件下实施。

（8）监测和评估

在项目开始实施后，对预估到的会对生物多样性的影响和环境影响评估提议的减缓措施的实施效果等进行同步监测。随着工程项目的运行，评估预期效益。

3.1.2 湿地脆弱性评估

湿地脆弱性评估是用来确定湿地对负面影响的敏感程度和承受能力。这些负面影响包括气候变化、土地利用变化、水文状况、过度耕种、过度放牧、过度捕捞、外来物种入侵等。基本操作步骤如下：

(1) 风险评估和风险感知能力

①考虑划定社会和生物物理系统边界(湿地及其相连的景观)及明确时空范围。

②查明过去和现在变化的动因及现有的灾害。

③评估湿地生态特征现状和目前的趋势。

④进行利益相关方分析——对收到该系统潜在变化影响的人及其可能的回应进行评估。

⑤判定敏感性和恢复能力，包括湿地适应能力。

⑥查明不同压力特别敏感的湿地和人群。

⑦在利益相关方参与下编写可能发生的情景，用来展示引起这些变化的动因及其产生的风险之间的关系。

(2) 风险最小化管理

①查明哪部分湿地和人群没有能力应对变化。

②制定应对方案，可以降低湿地生态特征发生突变或重大变化。

③综合分析从潜在的应对方案和克服措施之间进行选择。

④从本底数据或参考条件中详细列举系统的预期成果。

(3) 监测与适应性管理

将以上所有步骤纳入监测，通过对监测结果进行分析研究，再对管理工作做出适应性调整。

任务 4 湿地综合管理

【任务目标】

1. 知识目标：知道湿地管理的内容和策略。

2. 能力目标：会调查湿地管理现状，能用 SWOT 方法分析总结出湿地管理的优劣之处和机遇挑战。

3. 情感目标：科学、合理利用湿地资源，实施以维护生态环境和生态系统为目的的多目标管理措施。

【任务提出】

湿地管理应在对湿地科学地调查研究、资源评估、基础背景分析和管理目标确定的基础上，确定管理主要任务，编制管理方案。实施管理方案的同时，运用技术、经济、法律、教育等手段，制止或限制损害湿地自然生态系统的干扰活动，做到既保护好湿地环境，维护湿地生态，又有条件满足人类生产生活和经济发展对湿地资源的需求，处理好湿地保护与利用的关系。根据自己家乡最熟悉或最关注的湖泊、河流、滨海等湿地进行管理现状的调查，以小组形式应用 SWOT 方法分析管理现状。

【任务实施】

1. 选定恰当的湿地，调查研究、文献及资料查阅等。

2. 资料整理、基础背景和湿地资源管理等。

3. 调查查阅和分析当地湿地管理现状。

4. 各学习小组采用 SWOT 分析方法分析，并作出分析结果框架表。

SWOT 分析法，就是将与研究对象密切相关的各种主要内部优势、劣势和外部的机会和威胁等，通过调查列举出来，并依照矩阵形式排列，然后用系统分析的思想，把各种因素相互匹配起来加以分析，从中得出一系列相应的结论，而结论通常带有一定的决策性。

运用这种方法，可以对研究对象所处的情景进行全面、系统、准确地研究，从而根据研究结果制定相应的发展战略、计划以及对策等。

湿地名称：____________________

<table>
<tr><td colspan="2">管理现状：</td></tr>
<tr><td>优势</td><td>劣势</td></tr>
<tr><td>机遇</td><td>威胁</td></tr>
</table>

【任务评价】

评价内容		分值	评价标准	组内赋分	组间赋分	教师赋分
职业素养		30 分	1. 考虑问题的全面性系和系统性 2. 讨论认真，积极踊跃 3. 分工合作，团队合作意识强			
内容	现状调研	40 分	资料收集的完整性，分析的全面性，文字表达简洁和准确性			
	SWOT 分析	40 分	分析框架结构的逻辑性，体现多部门和多学科管理的系统性，文字表达简洁和准确性			
总计得分						
综合得分						

【知识准备】

1. 湿地管理的主要内容

管理是指在充分利用各种有利条件的前提下，通过对相关资源的重新配置和调整，最大限度地发挥自然保护区社会、经济、生态三方面综合效益的过程。

1.1 湿地管理的目标

湿地生态系统综合管理的目标，首先是维护湿地水文条件，以便为湿地生物多样性提供最佳生存与繁衍的环境，充分发挥湿地的水文功能和生态功能。在此基础上，合理地提高湿地为人类提供产品和服务的能力，以体现湿地的经济和社会价值，实现湿地资源的可持续发展。《中国湿地保护行动计划》(国家林业局等，2000)，对我国湿地保护行动目标已明确提出。

1.2 湿地管理的内容

湿地管理是一种特定的人类自身与自然界生态系统和其他生物如何进行协调的过程。管理的“载体”是“湿地管理机构”，包括内部要素和外部要素。内部要素：①人，管理的主体和客体；②物和技术，管理的客体、手段和条件；③机构，实质反映管理的分工和管理方式；④信息，管理的媒介、依据，同时也是管理的客体；⑤目的，即宗旨，标明为什么要有这个组织。外部要素：政府，同行业的状况，管理区域的周边环境，资金资源，人力资源，科学技术，社会文化，经济市场。管理的任务是设计和维持一种运行体系，使这一体系中共同工作的人们能够用尽可能少的支出(包括人力、物力、财力等) 实现既定的目标。管理的职能是计划、组织、人员配备、指导和领导、控制这 5 项职能。管理的层次为上层主管、中层主管和基层主管。管理的核心是正确处理与自然保护区有关的各种人际关系或社会关系。

(1)行政管理

湿地管理应该国家的政府行为，包括机构设置、政策发布、人员组织、计划制订、宣传教育、基础设施建设、经费筹集以及有关部门的协调沟通等。目前，我国的湿地管理涉及林业、环保、农业、土地、海洋、渔业、水利、城建、航运等多个行政管理部门，尽管1998年国务院明确授权国家林业局负责“组织协调全国湿地保护和有关国际公约的履约”，但是由于涉及湿地管理的各部门、各领域在“湿地”概念、管理和利用上尚未形成统一认识，多系统、多部门交叉管理的状况仍有待协调。

(2)技术管理

技术管理包括两方面内容：一方面是常规的科技工作，如资源调查、环境观测及生物多样性动态监测等；另一方面是专题性研究和建立资源档案、信息库，以及国内国际合作与交流等。

(3)法制管理

法制建设和严格执行国家和地方制定颁布的法律法规，设立专门的执法机构，建立湿地生态系统类型的自然保护区，是依法行政管理的重要手段。

(4)经济管理(或开发经营管理)

合理地、适度地开发利用湿地资源是社会经济可持续发展的重要方面，如在农业灌溉、水利水电建设、工业农业污染防治、种植养殖、湿地生态旅游等诸多方面的协调管理。

针对国际重要湿地，《湿地公约》制定并颁布了多项与湿地管理、清查、评估和监测相关的导则，供缔约方在开展相关工作时参考，表3-6列出了与“湿地管理”工作阶段有关的主要导则。

表3-6 湿地管理工作阶段可参照的导则列表

工作阶段	工作内容	可参照的导则
湿地管理	《国际重要湿地和其他湿地的管理规划新导则》	《湿地公约的湿地合理利用手册(18)》决议Ⅷ. 14
	《建立和加强地方社区和原住民参加湿地管理的导则》	《湿地公约的湿地合理利用手册(7)》决议Ⅶ. 8
	《参与式环境管理(PEM)是湿地管理和合理利用的工具》	决议Ⅷ. 36

1.3 湿地管理的策略

(1)建立保护区，确定优先保护湿地及特殊保护物种

通过建立自然保护区是湿地保护最有效的措施。对于某些特定濒危物种的保护发挥着重要作用。通过对自然保护区的建设和有效管理，从而使湿地和生物多样性得到切实的人为保护。为了保护自然环境和自然资源，特别是珍贵、稀有、濒危的生物种，保护不同自然地带具有代表性的各种森林、草原、沼泽、荒漠、水域(湖泊或江河水段)、海岸滩涂等自然生态系统，保护自然历史遗迹等，划定一定的空间范围，设置管理机构，加以保护并开展科学研究工作，这样的地域称为自然保护区。自然保护区的结构具有3个基本功能区：核心区、缓冲区和实验区。

①核心区　它是自然保护区保护对象最有代表性的区域或地段。该区域内要保持自然原始状态，把人为影响减少到最低限度，也严防因研究活动而引起环境的改变。因此，核心区又称为绝对保护区。

②缓冲区　它是处在核心区周围，具有防止对核心区人为干扰活动的保护性区域，它把核心区与人为活动频繁的地区隔离起来。在缓冲区内的人为活动虽然不如核心区限制得那么严格，但仍然要有很大的节制。所以，缓冲区又称为受控保护区。

③实验区　在缓冲区的外围或适当地段可划分出实验区，在这一区域内进行一些科学试验，研究生物学和生态学特性，建立人工群落，为当地所属自然生物带的植被进行试验，并直示范作用；同时开辟引种、繁育基地。由于这一区域进行生产性的科研活动，该区又称为试验区、恢复区、生产区、改造区。

自然保护区的任务除以保护自然生态系统和资源为主外，必须把科研、教学、生产、旅游等紧密结合起来。因此，自然保护区的任务及工作内容主要是保护、科研、教学，其次是旅游和开展引种繁育生产。

重要湿地建立自然保护区加以保护已经成为很重要的措施，重要湿地可申请为国际重要湿地、国家重要湿地，可申请为“生物圈保护区”和“湿地公约保护区”，为更重要的保护区。

(2)建立协调好综合部门与主管部门相结合的管理机制

目前我国湿地管理主体仍然是政府为主体。国家林业局负责全国湿地保护工作的组织、协调、指导和监督，并组织、协调有关国际湿地公约的履约工作。县级以上地方人民政府林业主管部门按照有关规定负责本行政区域内的湿地保管理工作。县级以上人民政府林业主管部门及有关湿地保护管理机构应当加强湿地保护宣传教育和培训，结合世界湿地日、爱鸟周和保护野生动物宣传月等开展宣传教育活动，提高公众湿地保护意识。县级以上人民政府林业主管部门组织开展湿地保护管理的科学研究，应用推广研究成果，提高湿地保护管理水平。县级以上地方人民政府林业主管部门应当鼓励、支持公民、法人和其他组织，以志愿服务、捐赠等形式参与湿地保护。

(3)组织社区群众参与管理，实施“社区共管”模式

湿地相关的问题将不再仅仅是湿地保护部门的工作，它将会逐渐渗入利

益相关群体的关注与参与，尤其是当地直接利益群体社区群众的参与，从而使湿地保护和合理利用更加社会化。

经验表明，在湿地保护工作中吸收社区和原住居民参与湿地管理事明智可取的，因为湿地内的自然资源对当地居民生计的维持、生活、生产安全和传统文化的保护极为重要，当地居民也表现出强烈的参与管理意愿，因此湿地保护管理部门与当地社区可以通过沟通、交流、教育及公众意识计划，简称 CEPA 计划，实施“社区共管”模式，社区共管是指当地社区和管理部门共同参与当地社区和湿地的自然资源管理、决策制定、实施和评估的整个过程，社区共管的最基本目标就是促进生物多样性保护事业的发展，其主要目的是在于使湿地内被保护物种和生物多样性得到有效保护，并寻求改善湿地及周边社区村民生活水平的途径。

(4)树立科学发展观，重视科技对湿地管理的支撑作用

国家对湿地实行保护优先、科学恢复、合理利用、持续发展的方针。由于湿地研究起步较晚，虽经前期建设，建立了专门的湿地研究机构，但许多研究领域仍然较为薄弱。比如缺乏基础与应用基础研究、缺乏有效和针对性的湿地保护与恢复技术、湿地监测体系尚不完善、湿地生态系统评价指标体系不够完善、对湿地生态文化和湿地保护优良传统知识的研究、运用还没有引起足够重视，基础极为薄弱。所以加强湿地科学研究平台建设，提高湿地科学研究能力和水平是今后湿地保护的重要工作，也是湿地保护可持续发展的重要支撑。

2. 水资源管理

所谓水资源综合管理就是在保护水资源，实现水资源可持续利用和暂时满足短期至中期的社会、经济用水需求之间寻找一个平衡点。水资源综合管理认为，水资源开发不仅要满足生活生产用水，也要满足生态用水。因此，水资源综合管理应该将大气、陆地和海洋三大系统的规划和管理紧密结合。

社会的用水需求与湿地的用水需求之间存在一定的冲突。湿地管理者必须关注当地水资源的综合管理规划的制定和执行情况。加强环境部门和水资源管理部门，以及其他部门的协作，使合作管理问题得以解决。在水资源共享基础下，湿地管理者与水资源管理者可以通过谈判、协商最终达成多种水资源利益化(包括生态系统服务)共享，人类将在创造巨大的社会和经济效益的同时实现生态的保护和水资源的可持续利用。《湿地公约》提供了维持湿地生态系统的一系列机理纲要和技术导则，从而为水资源综合管理在维持生态系统功能方面打下了良好的基础。

为有效和合理利用湿地水资源，《湿地公约》通过了一系列以水资源利用为主题的决议，决议Ⅷ.1的附件中对水资源管理指南的制定和执行提出了七条原则。同时由于湿地保护内容的交叉性，其他一些决议中也含有与水资源管理相关的内容，如以维持湿地生态特征为主题的决议中就包括了湿地水文方面的内容。湿地公约与水资源管理有关的一系列指南主要包含三大主题：

①水资源管理相关的政策、制度、法律的制定和实施，这是影响湿地中当地居民和水资源之间关系的重要因素。

②地方、流域、区域等不同尺度上规划与管理相结合，在满足人类社会需求、欲望、价值观的同时，最大限度地利用已有知识和科技手段，实现湿地的合理利用和湿地资源的可持续开发。

③湿地生态系统中进行水资源管理所需要的方法(包括当地传统知识)。

湿地生态系统是全球水循环必不可少的组成部分，是水资源的源泉。为保护湿地，向湿地分配充足的水，可以向人们提供重要的水资源效益，包括产品(如渔业)和服务(如减少洪水)。为了保护湿地，需要制定国家政策、法律文书和决策框架，以推动湿地水量分配。另外，需要确定一个决策程序，明确湿地所需的生态特征，包括湿地提供的产品和服务以及保护这种特性的愿望。图3-1概述了维持湿地生态系统功能的水资源分配和管理全过程的要素。

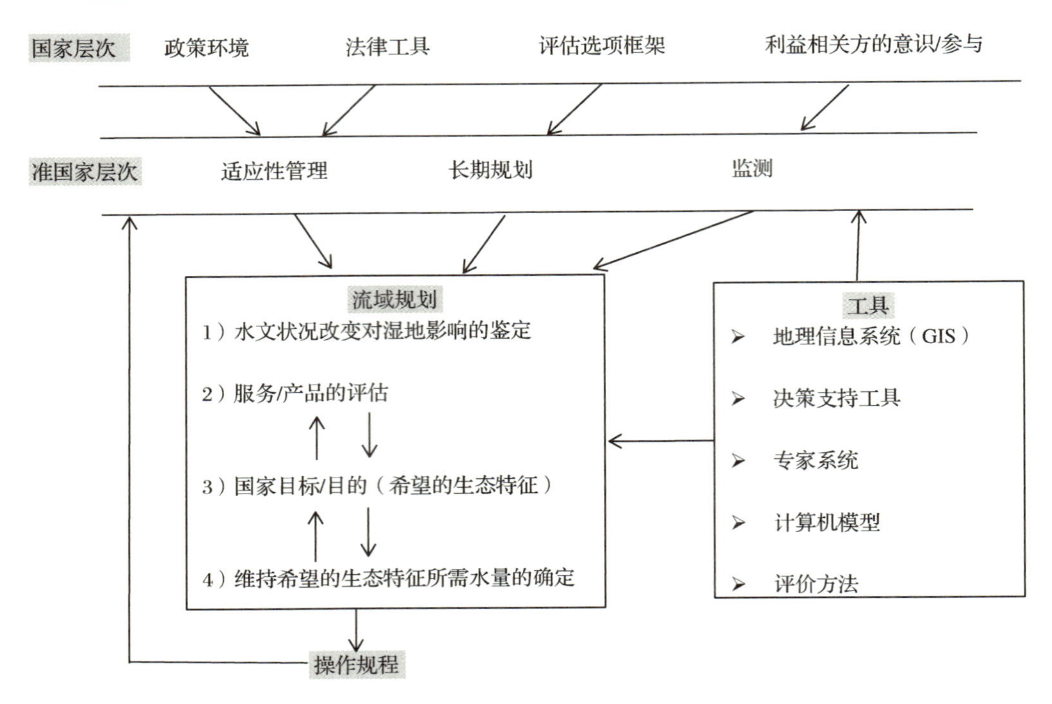

图 3-1　水资源分配和管理流程图

3. 流域综合管理

河流系统是综合系统，但是这种系统经常被太多的利益相关方管理。跨部门和跨界冲突是流域管理的主要障碍。《湿地公约》以下导则可以帮助缔约方在其境内推行流域综合管理：①在河流流域内找出阻碍流域综合管理以及土地和水资源综合规划实施的主要矛盾，并努力消除这些矛盾。②发展涉及多部门参与的协商进程（负责水资源管理、环境保护、农业等机构）和基于整个流域水资源的保护、利用和管理计划。③将湿地保护与流域综合管理相结合的管理方法，有利于流域综合管理目标的实现。如水的供给，洪水管理，降解污染和保护生物多样性。④在流域内推进对湿地及生物多样性的保护和修复。⑤发展切实可行的社会分担机制，用以弥补综合管理的费用。⑥建立适当的综合管理机制，把涉及流域综合管理的不用管理群体集结在一起，如政府、水利水资源管理部门、科研机构、工业人员、农民、当地社区、非政府组织等，共同为流域综合管理作出贡献。⑦流域综合管理应制订沟通、教育和意识计划。

长江综合管理课题组对长江流域管理的贡献

长江是世界第三大河，总长度 6 300km，流域面积 $180\times10^4 km^2$。长江流经中国的 11 个省份，有 4 亿多人依靠长江为生。

然而长江遭遇来自多方面的威胁。关键的威胁是：湿地破碎化、退化造成湿地功能的丧失；上游的侵蚀加剧了下游的淤积；决策者缺少湿地功能与价值的知识；开发与土地利用政策的失败；各自机构冲突。

经过1996年和1998年的大水灾，有4 000人丧命。造成的损失预计250亿美元。

中国政府发表了："32字方针"，目的是减少谁在威胁而不是战胜大自然。这些措施有：

- 禁止采伐上游的森林；
- 陡坡退耕还林；
- 易受水灾的居民迁居高处，进行移民安置；
- 恢复长江洪泛平原的湿地；
- 加固干堤；
- 整治河道，例如疏浚。

跨部门和跨界冲突是流域管理的主要障碍，长江即是一个很好的例子，因为那里存在四个管理部门：长江水利委员会、长江渔业管理委员会，长江航运管理局和长江水资源保护局。

为应对这种局势，2002年中国政府建立了长江流域综合管理课题组，目的是通过水资源良好治理、生态系统的管理、生物多样性保护以利于推动中国河流流域的公共福利，以及通过信息交流、示范和工作的参与以利于良好的环境管理。

长江流域综合管理课题组由6位国内专家和6位国际专家组成，给予他们若干优先课题：①评估已有的法律、法规，向国家法制部门提出建议；②审评现有的流域管理时间并评估他们的协调状况，然后向过国家层面提出报告，特别是关于长江的流域的报告；③促进使用相关的经济工具如水权、水价、补贴、补偿、许可证交易；④提供信息共享平台；⑤建立和促进使用沟通工具，包括研讨会和出版物。

由课题组产生的协调方式将是中国尝试机构调整能力的重要测试。无论在世界的什么地方，河流综合管理(IRBM)将会是几十年的长期破除机构障碍和使用生态系统方式处理问题的实践，课题组鼓励这样做。这是中国性的尝试，希望取得伟大成就。

2004年年末，课题组借此次任务并得出结论，向国务院提出四项建设，呼吁机构和法制建设；公众参与决策；财政刺激；技术创新。为促进上述建议的落实建立了长江论坛。这就为所有主要的利益相关方提供了平台，他们利用平台就建议、共享的信息和流域开发的知识进行磋商。

3.1 流域综合管理的理论与方法

流域综合管理的根本理念是：水资源是生态系统的必要组成部分之一，同样也是具有社会经济属性的自然资源，水质和水量决定了其用途(《21世纪进程》，1992)。水资源是人类文明演化和社会经济发展的重要先决条件。水资源短缺，逐步退化，污染加重和基础建设等，加剧了水资源多种利用方式间的冲突。流域综合管理是一种以激励为原则的参与机制，为水资源使用者(包括自然生态系统)冲突的解决、合理分配水资源提供了一种合作机制。

流域综合管理中的一个重要内容是：在整个流域尺度上，推行土地利用管理和水资源规划管理的机制。同时，还需考虑流域排水对水体及沿岸生态系统的影响。实现水资源综合管理涉及许多步骤，其中一个关键问题是：对于一个由不同行政机关管理的流域整体，管理权限的分割，导致水资源规划和管理的片段化。我们应该认识到，水资源规划和管理需要多科学知识的综合运用，需要全国所有相关部门之间合作，以合作框架的形式推行。参与对象中也包括流域内相关的部门以及当地社区。

（1）制定和加强水资源综合管理的政策与立法

在实践流域综合管理的过程中，需要有适当的立法与政策的支持，包括经济措施，如水价格政策（例如“谁使用谁付款”“谁污染谁付款”）。缔约方必须制定国家的水资源政策和立法才能推进水资源规划和综合管理。这些政策的制定需与其他相关政策相一致，如国家湿地政策、国家环境规划、国家生物多样性战略、国际协定和立法框架。

（2）建立流域管理机构并加强其管理能力

流域综合管理机构设置的原则为：设立流域综合管理局，同时强化各部门的管理能力。各部门在土地和水资源利用方面的管理权限，要保证不影响整个流域内的综合管理。水资源管理行政结构的调整和改善，是一个循序渐进的过程。首先要建立合作机制，在水资源管理、环境保护、农业等不同部门间推进有效合作；然后，在这些机构代表推动下成立承担管理水资源和流域湿地责任的管理机构 。

综合管理机构设置规程如下：

①制定流域内管理标准和目标（例如，流域内的水质、水量、用水速率及健康的湿地生态系统等），并确定实现这些目标的方法和成本。

②流域综合管理局由多个相关管理机构组成，负责制定流域综合管理规划。

③流域综合管理局原则上应采用适当的方式以分摊发展所需费用。例如，谁受益谁支付，向资源使用者征收费用；向流域居民征税；政府补贴，补偿环境退化的成本/谁产生影响谁支付等。以此为流域综合管理的实施筹集资金，或者向开发机构寻求资助。

④建立新机制，把资源（资金）从下游的受益者转让给上游及其他关键地区的保护与管理者。

⑤湿地和水资源各级管理人员进行培训，让他们理解实施水资源和流域综合管理的理念，包括湿地重要性的认识。

⑥提供充足的资金，确保从事水资源规划与管理，以及流域管理和湿地保护的组织能够有效地运作。如果有可能，可寻求其他资金，例如“债务换自然”的安排和建立国家级或当地的信托基金。

⑦加强并保持当地研究机构（例如，大学、研究所和水资源管理机构）的能力，以进行全面的用水需求评估，包括生态用水需求的评估。

⑧加强对流域内上游集水区和其他关键地区的保护，把它们列入保护区系统或制定的管理战略。

⑨鼓励具有湿地生态专业知识的人加入流域综合管理部门。

案例介绍

黄河水利委员会为水利部派出的流域机构，代表水利部行使所在流域的水行政主管职能。水利部确定黄河水利委员会是水利部在黄河流域和新疆、内蒙古内陆河范围内的派出机构。体现了国家当前对黄河流域实行的流域综合管理与行政区域管理相结合的体制，实施宏观管理(或称间接管理)与直接管理相结合的管理模式。宏观管理是指流域机构对全流域规划、防汛抗洪、水资源分配、水量调度、水资源保护和水土保持等方面，通过某些协调组织机构或机制并依法实施的管理。直接管理是指流域机构对禹门口以下干流河段的水事活动，包括防洪工程和设施的建设与管理，水、水域(含河口)、水工程的管理以及对干流及跨(区)重要支流指定河段限额以上水许可的管理等，黄河水利委员会设立直属的各级管理机构，实施上述领域的直接管理(或称统一管理)。

(3)利益相关方、社区参与和公众意识

流域综合管理理念的一个重要要素是：管理部门要为流域内所有水资源使用者整体服务，并与它们合作。这个整体包括湿地使用者、野生生物还有流域外的利益相关方。为明确所有水资源使用者的需求，公众参与水资源规划和管理是一个重要的目标。

当地社区对湿地河流管理监测具有非常重要的作用。目前已经开展了一些带动社区参与湿地和流域综合管理的项目。例如，全球河流环境教育网络(CREEN)(http://www.earthforce.org/section/programs/green/)，该网络基于成功的流域教育模式，促进以行动为导向的教育方法。在美国、加拿大和其他135个国家，全球河流环境教育网络(GREEN)与企业、政府、当地社区和教育机构开展紧密的合作。该教育网络广泛推行流域可持续发展管理，希望可以提高公众的认知水平。通过区域合作，它也支持基于社区的教育活动。

综合管理中吸引公众参与的导则如下：

①建立机制认定并吸引利益相关方参与流域及其湿地的规划管理，包括审核流域内土地使用权。

②促进利益相关方的积极参与，了解他们的不同需要。依据经各方协商而制定的方案，共同履行资源管理。

③就流域综合管理问题，在水资源管理部门、利益相关方，特别是当地居民之间进行公开讨论，确定社区相关的主要问题和需求所在。

④记录并采用由传统的经验和技术得出的办法，可持续地管理湿地与流域。

⑤支持社区组织和非政府组织的能力建设，通过GREEN网络的模式与计划，开发出流域内资源监测与管理的技巧。

⑥管理计划的成功是基于有效的公众参与和支持。因此，制定和实施管理计划时，要考虑到当地社区的利益，做到公平和公正地分配。

⑦社区示范项目的立项、设计与实施，并对当地社区提供额外的经济刺激。

⑧设计并实施沟通、意识和教育计划，认识保护湿地对资源管理和落实决议Ⅷ.31的重要性。

⑨开展意识教育活动，最大限度地减少导致水系退化的活动，如滥用农药、化肥，卫生状况差，湿地排水，砍伐集水区内的森林。

4. 海岸带综合管理

由于对海岸资源和空间分配的竞争，海岸带可持续管理面临巨大的挑战。因为世界多数海岸带都存在人口增长、多种发展压力、源于陆基的污染和对自然资源不可持续的开发利用。据估计，世界上至少有60%的人口生活在海岸带。此外，很多海岸带的经济发展快于内陆地区，这样海岸带的湿地经受着土地开发的巨大压力，以满足房屋建设、工业、港口建设、旅游和人口增长的需要，自然资源在耗竭。

海岸带综合管理的目的一般是：①指导海岸带的资源利用水平或干预，避免超过资源基地承载能力，这就要求判定哪些资源需要控制使用，以防止其退化或耗竭，哪些资源需要更新或恢复，使其适合传统用途和新用途。②尊重自然动态过程。鼓励有效益的过程，阻止有害的干预。③减少脆弱资源的风险。④确保海岸生态系统的生物多样性。⑤鼓励互补活动，不鼓励竞争活动。⑥在社会可接受的成本条件下确保达到环境、社会和经济目标。保护传统用途和权利，保护平等获取资源。⑦解决部门问题和冲突。

4.1 海岸带综合管理的模式和关键措施

当地社区从早期阶段就参加海岸带综合管理的过程是该过程成功的重要特征。如果这个海岸带大部或全部所有权属于当地，例如，他们拥有传统的使用权来开发自然资源，这就更加重要了。

海岸带综合管理必须具有自下而上的方式，这是为了通过地方磋商和参与过程保证所有利益相关方的利益得到考虑，同时创建合法的、有章可循的环境，有效地实施海岸带综合管理过程。整合的尺度有若干种，需要在实施海岸带综合管理过程中予以考虑。它们是：①垂直整合，在同一个部门下进行机构和行政等级的整合；②横向整合，在同一个行政等级内进行各部门的整合；③系统整合，必须保证考虑所有的重要互动和问题；④功能整合，由管理机构干预，使其符合海岸地区管理目标和战略；⑤空间整合，海岸带陆地和海洋的整合；⑥政策整合，海岸地区管理政策、战略和计划应当纳入范围较大的(包括国家的)发展政策、战略和计划；⑦科学管理整合，不同学科间的整合并进行科学转让，供最终用户和决策者使用；⑧时间整合，进行短期和长期计划和方案的协调。

成功的海岸带综合管理过程没有单一的模式，因为成功与否取决于许多因素，如当地条件、经验、生态系统要素和开发压力的模式，以及国家和地区立法和政策框架的性质与范围。

但是，到目前为止实施海岸带综合管理的经验只是认定某些关键部分，将它纳入海岸带综合管理的新举措中，要取得成功的前提包括：①各级政府机构完整合和协调；②用“内化”解决问题的方式联系各部门；③以财源安全取得长期干预的可持续性；④确保政府支持和机构安排以保证项目实施；⑤确保当地社区和利益相关方的完全参与和磋商；⑥就海岸资源的可持续利用和管理取得共识；⑦使管理过程具有灵活性和适应性，以对应不断出现的新变化；⑧让海岸带综合管理过程适应所在国家和地区的机构、组织和社会环境。

案例介绍推荐

1. 温州市湿地保护与管理实施方案(2014—2020 年)[EB/OL]. http://www.doc88.com/p-73142778 09317.html

2. 刘继凯，马慧. 南四湖人工湿地建设与管理[J]. 湿地科学，2010(2).

3. 吴后建，但新球，等. 国家湿地公园有效管理评价指标体系及其应用[J]. 湿地科学，2015(4).

4. 马梓文，张明祥. 从《湿地公约》第 12 次缔约方大会看国际湿地保护与管理的发展趋势[J]. 湿地科学，2015(5).

参考文献

1. 国家林业局.2008. 林湿发[2008]265 号. 全国湿地资源调查技术规程(试行).
2. 云南省质量技术监督局. 2015 - 01 - 15. 湿地生态监测(DB53/T 653.1 ~ 7—2014).
3. 云南省质量技术监督局. 2012 - 05 - 01. 自然保护区与国家公园生物多样性监测技术规程第 1 部分：森林生态系统及野生动植物(DB53/T 391—2012).
4. 云南省林业厅.2015 - 04 - 16. 云南湿地生态监测规划(2015—2025).
5. 中华人民共和国国际湿地公约履约办公室编译.2013. 湿地保护管理手册[M]. 北京：中国林业出版社.
6. 国家林业局，等. 2000. 中国湿地保护行动计划[M]. 北京：中国林业出版社.
7. 李恒. 2009. 云南湿地植物名录[M]. 北京：科学出版社.
8. 彭华. 2014. 云南常见湿地植物图鉴(第 1 卷)[M]. 昆明：云南科学技术出版社.
9. 国家林业局.2010. 全国湿地资源调查技术规程.
10. 中国科学院中国植物志编辑委员会. 2013. 中国植物志[M]. 北京：科学出版社.
11. 沈立新，梁洛辉. 2005. 腾冲北海湿地动植物资源及其环境状况评价[J]. 林业资源管理，(2)：61 - 64.
12. 牛俊英，马朝红，马书钊，等. 2009. 河南黄河湿地国家级自然保护区鸟类资源调查[J]. 四川动物，28(3)：462 - 467.
13. 常弘，彭友贵. 2005. 广州南沙湿地鸟类群落组成，多样性和保护策略[J]. 生态环境，14(2)：242 - 246.
14. 吴郭泉，刘加凤，张晶. 2007. 盐城湿地生态旅游开发研究[J]. 福建林业科技，34(2)：1 - 12.
15. 丁平. 2008. 中国湿地水鸟[M]. 北京：中国林业出版社.
16. 夏江宝，李传荣，徐景伟，等. 2009. 黄河三角洲滩涂湿地夏季大型底栖动物多样性分析[J]. 湿地科学，7(4)：299 - 206.
17. 郑荣泉，张永普，李灿阳，周芸. 2007. 乐清湾滩涂大型底栖动物群落结构的时空变化[J]. 动物学报，53(2)：390 - 398.
18. 常中芳. 2006. 黄河中游湿地生物多样性及保护对策[J]. 山西大学学报，29(3)：321 - 325.
19. 陈小麟. 2011. 滨海湿地鸟类的动物生态与保护生物学研究[J]. 厦门大学学报，50(2)：484 - 489.
20. 费梁，叶昌媛，江建平，等. 2005. 中国两栖动物检索及图解[M]. 成都：四川科学技术出版社.
21. 徐士霞，李旭东，王跃招. 2003. 两栖动物在水体污染生物监测中作为指示生物的研究概况[J]. 动物学杂志，38(6)：110 - 114.
22. 熊飞一，李文朝，潘继征，等. 2006. 云南抚仙湖鱼类资源现状与变化[J]. 湖泊科学，18(3)：305 - 311.
23. 周霖. 2005. 云南土著鱼类资源现状及发展规划[J]. 水利渔业，25(1)：51 - 52.
24. 杨岚，李恒. 2010. 云南湿地[M]. 北京：中国林业出版社.
25. 国家林业局. 2000. 中国湿地保护行动计划.
26. 国家林业局. 2003. 全国湿地资源调查简报.
27. 莫明浩，汤崇军，涂安国，等. 2011. 鄱阳湖泥沙及沙地研究进展评述[J]. 中国水土保持(8)：45 - 47.

28. 李 微，李昌彦，吴敦银，等．2015. 1956－2011 年鄱阳湖水沙特征及其变化规律分析[J]. 长江流域资源与环境，24(5)：832－838.

29. 中华人名共和国水利部．2002. 全国水土流失公告．

30. 中华人名共和国水利部．2003. 全国水土保持监测公报．

31. 李秀芬，朱金兆，顾晓君，等．2010. 农业面源污染现状与防治进展[J]. 中国人口资源与环境，20(4)：81－83.

32. 赵魁义，娄彦景，胡金明，等．2008. 三江平原湿地生态环境受威胁现状及其保育研究[J]. 自然资源学报，23(5)：790－796.

附　录

附一：《湿地公约》

《湿地公约》(*The Convention on Wetlands*)，1971 年在伊朗小城拉姆萨尔(Ramsar)签订的，故该公约又称拉姆萨尔公约。公约的全称为《关于特别是作为水禽栖息地的国际重要湿地公约》。《湿地公约》是一个政府间公约，是湿地保护及其资源合理利用国家行动和国际合作框架。现在有 130 个缔约方，共有 1 140 个湿地列入国际重要湿地名录，总面积 $9\ 170 \times 10^4\ hm^2$。

1971 年 2 月 2 日订于拉姆萨经 1982 年 3 月 12 日议定书修正)，各缔约国，承认人类同其环境的相互依存关系；考虑到湿地的调节水分循环和维持湿地特有的动植物，特别是水禽栖息地的基本生态功能。相信湿地为具有巨大经济、文化、科学及娱乐价值的资源，其损失将不可弥补；期望现在及将来阻止湿地的被逐步侵蚀及丧失；承认季节性迁徙中的水禽可能超越国界，因此应被视为国际性资源；确信远见卓识的国内政策与协调一致的国际行动相结合能够确保对湿地及其动植物的保护。

兹协议如下：

第一条

1. 为本公约的目的，湿地系指不问其为天然或人工、长久或暂时之沼泽地、湿原、泥炭地或水域地带，带有或静止或流动、或为淡水、半咸水或咸水水体者，包括低潮时水深不超过 6m 的水域。

2. 为本公约的目的，水禽系指生态学上依赖于湿地的鸟类。

第二条

1. 各缔约国应指定其领域内的适当湿地列入由依第八条所设管理局保管的国际重要湿地名册，下称“名册”。每一湿地的界线应精确记述并标记在地图上，并可包括邻接湿地的河湖沿岸、沿海区域以及湿地范围的岛域或低潮时水深不超过 6m 的水域，特别是当其具有水禽栖息地意义时。

2. 选入名册的湿地应根据其在生态学上、植物学上、湖沼学上和水文学上的国际意义。首先应选入在所有季节对水禽具有国际重要性的湿地。

3. 选入名册的湿地不妨碍湿地所在地缔约国的专属主权权利。

4. 各缔约国按第九条规定签署本公约或交存批准书或加入书时，应至少指定一处湿地列入名册。

5. 任何缔约国应有权将其境内的湿地增列入名册，扩大已列名册的湿地的界线或由于紧急的国家利益将已列入名册的湿地撤销或缩小其范围，并应尽早将任何上述变更通知第八条规定的负责执行局职责的有关组织或政府。

6. 各缔约国在指定列入名册的湿地时或行使变更名册中与其领土内湿地有关的记录时，应考虑其对水禽迁移种群的养护、管理和合理利用的国际责任。

第三条

1. 缔约国应制定并实施其计划以促进已列入名册的湿地的养护并尽可能地促进其境内湿地的合理利用。

2. 如其境内的及列入名册的任何湿地的生态特征由于技术发展、污染和其他人类干扰而已经改变，正在改变或将可能改变，各缔约国应尽早相互通报。有关这些变化的情况，应不延迟地转告按第八条所规定的负责执行局职责的组织或政府。

第四条

1. 缔约国应设置湿地自然保护区，无论该湿地是否已列入名册，以促进湿地和水禽的养护并应对其进行充分的监护。

2. 缔约国因其紧急的国家利益需对已列入名册的湿地撤销或缩小其范围时，应尽可能地补偿湿地资源的任何丧失，特别是应为水禽及保护原栖息地适当部分而在同一地区或在其他地方设立另外的自然保护区。

3. 缔约国应鼓励关于湿地及其动植物的研究及数据资料和出版物的交换。

4. 缔约国应努力通过管理增加适当湿地上水禽的数量。

5. 缔约国应促进能胜任湿地研究、管理及监护人员的训练。

第五条

缔约国应就履行本公约的义务相互协商，特别是当一片湿地跨越一个以上缔约国领土或多个缔约国共处同一水系时。同时，他们应尽力协调和支持有关养护湿地及其动植物的现行和未来政策与规定。

第六条

1. 缔约国应在必要时召集关于养护湿地和水禽的会议。

2. 这种会议应是咨询性的，并除其他外，有权：

A. 讨论本公约的实施情况；

B. 讨论名册之增加和变更事项；

C. 审议关于依第三条第2款所规定的列入名册湿地生态学特征变化的情况；

D. 向缔约国提出关于湿地及其动植物的养护、管理和合理利用的一般性或具体建议；

E. 要求有关国际机构就影响湿地、本质上属于国际性的事项编制报告和统计资料。

3. 缔约国应确保对湿地管理负有责任的各级机构知晓并考虑上述会议关于湿地及其动植物的养护、管理和合理利用的建议。

第七条

1. 缔约国出席这种会议的代表，应包括以其科学、行政或其他适当职务所获得知识和经验而成为湿地或水禽方面专家的人士。

2. 出席会议的每一缔约国均应有一票表决权，建议以所投票数的简单多数通过，但须不少于半数的缔约国参加投票。

第八条

1. 保护自然和自然资源国际联盟应履行本公约执行局的职责，直至全体缔约国三分之二多数委派其他组织或政府时止。

2. 执行局职责除其他外，应为：

A. 协助召集和组织第六条规定的会议；

B. 保管国际重要湿地名册并接受缔约国根据第二条第5款的规定对已列入名册的湿地增加、扩大、撤销或缩小的通知；

C. 接受缔约国根据第三条第2款规定对已列入名册的湿地的生态特征发生任何变化的通知；

D. 将名册的任何改变或名册内湿地特征的变化通知所有的缔约国，并安排这些事宜在下次会议上讨论；

E. 将会议关于名册变更或名册内湿地特征变化的建议告知各有关缔约国。

第九条

1. 本公约将无限期开放供签署。

2. 联合国或某一专门机构、国际原子能机构的任一成员国或国际法院的规约当事国均可以下述方式成为本公约的缔约方：

A. 签署无须批准；

B. 签署有待批准，随后再予批准；

C. 加入。

3. 批准或加入应以向联合国教育科学及文化组织的总干事(以下简称“保存机关”)交存批准或加入文书为生效。

第十条

1. 本公约应自七个国家根据第九条第2款成为本公约缔约国4个月后生效。

2. 此后，本公约应在其签署无须批准或交存批准书或加入书之日后4个月对各缔约国生效。

第十条之二

1. 公约可按照本条在为此目的召开的缔约国会议上予以修正。

2. 修正建议可以由任何缔约国提出。

3. 所提修正案文及其理由应提交给履行执行局职责的组织或政府(以下称为执行局)并立即由执行局转送所有缔约国。缔约国对案文的任何评论应在执行局将修正案转交缔约国之日3个月内交给执行局。执行局应于提交评论最后一日后立即将至该日所提交的所有评论转交各缔约国。

4. 审议按照第3款所转交的修正案的缔约国会议应由执行局根据三分之一缔约国的书面请求召集。执行局应就会议的时间和地点同缔约国协商。

5. 修正案以出席并参加投票的缔约国三分之二多数通过。

6. 通过的修正案应于三分之二缔约国向保存机关交存接受书之日后第四个月第一天对接受的缔约国生效。对在三分之二的缔约国交存接受书之后交存接受书的缔约国，修正案应于其交存接受书之日后第四个月第一天生效。

第十一条

1. 本公约将无限期有效。

2. 任何缔约国可以于公约对其生效之日起五年后以书面通知保存机关退出本公约。退出应于保存机关收到退出通知之日后4个月生效。

第十二条

1. 保存机关应尽快将以下事项通知签署和加入本公约的所有国家：

A. 公约的签署；

B. 公约批准书的交存；

C. 公约加入书的交存；

D. 公约的生效日期；

E. 退出公约的通知。

2. 一俟本公约开始生效，保存人应按照联合国宪章第一百零二条将本公约向联合国秘书处登记。

下列签字者经正式授权，谨签字于本公约，以资证明。

一九七一年二月二日订于拉姆萨，正本一份，以英文、法文、德文和俄文写成，所有文本具有同等效力，保存于保存机关，保存机关应将核证无误副本分送所有的缔约国。

附二：中国国际重要湿地名录

编号	名称	列入时间
1	黑龙江扎龙自然保护区	1992
2	吉林向海自然保护区	1992
3	海南东寨港自然保护区	1992
4	青海鸟岛自然保护区	1992
5	湖南东洞庭湖自然保护区	1992
6	江西鄱阳湖自然保护区	1992
7	香港米埔内后海湾拉姆萨尔湿地	1995
8	上海崇明东滩自然保护区	2002
9	辽宁大连斑海豹栖息地湿地	2002
10	江苏大丰麋鹿国家级自然保护区	2002
11	内蒙古达赉湖湿地	2002
12	广东湛江红树林湿地	2002
13	黑龙江洪河湿地	2002
14	广东惠东港口海龟栖息地	2002
15	内蒙古鄂尔多斯湿地	2002
16	黑龙江三江湿地	2002
17	广西山口红树林湿地	2002
18	湖南南洞庭湖湿地	2002
19	湖南西洞庭湖湿地	2002
20	黑龙江兴凯湖国家级自然保护区	2002
21	江苏盐城自然保护区	2002
22	辽宁双台河口湿地	2005
23	云南大山包湿地	2005
24	云南碧塔海湿地	2005
25	云南纳帕海湿地	2005
26	云南拉什海湿地	2005
27	青海鄂陵湖湿地	2005
28	青海扎陵湖湿地	2005
29	西藏麦地卡湿地	2005
30	西藏玛旁雍错湿地	2005
31	上海长江口中华鲟湿地自然保护区	2008
32	广西北仑河口国家级自然保护区	2008
33	福建漳江口红树林国家级自然保护区	2008
34	湖北洪湖湿地	2008

（续）

编号	名称	列入时间
35	广东海丰湿地	2008
36	四川若尔盖湿地国家级自然保护区	2008
37	浙江杭州西溪国家湿地公园	2009
38	黑龙江七星河国家级自然保护区	2011
39	黑龙江南瓮河国家级自然保护区	2011
40	黑龙江珍宝岛国家级自然保护区	2011
41	甘肃尕海则岔国家级自然保护区	2011
42	山东黄河三角洲国家级自然保护区	2013
43	黑龙江东方红湿地国家级自然保护区	2013
44	吉林莫莫格国家级自然保护区	2013
45	湖北神农架大九湖湿地	2013
46	武汉沉湖湿地自然保护区	2013
47	安徽升金湖国家级自然保护区	2015
48	广东南澎列岛海洋生态国家级自然保护区	2015
49	甘肃张掖黑河湿地国家级自然保护区	2015

附三：中国国家湿地公园名录

第一批国家湿地公园试点单位18处(2005年2月公布)

北京市：野鸭湖国家湿地公园
新疆维吾尔自治区：赛里木湖国家湿地公园
内蒙古自治区：白狼洮儿河国家湿地公园
宁夏回族自治区：银川国家湿地公园
山东省：滨湖国家湿地公园
安徽省：太平湖国家湿地公园
湖南省：东江湖国家湿地公园、水府庙国家湿地公园
湖北省：大九湖国家湿地公园
浙江省：杭州西溪国家湿地公园
江苏省：溱湖国家湿地公园
江西省：孔目江国家湿地公园
吉林省：磨盘湖国家湿地公园
辽宁省：莲花湖国家湿地公园
青海省：贵德黄河清国家湿地公园
云南省：红河哈尼梯田国家湿地公园
广东省：星湖国家湿地公园

第二批国家湿地公园试点单位20处(2008年12月公布)

黑龙江省：哈尔滨太阳岛国家湿地公园、哈尔滨白渔泡国家湿地公园、新青国家湿地公园

浙江省：丽水九龙国家湿地公园、德清下渚湖国家湿地公园
安徽省：迪沟国家湿地公园
福建省：长乐闽江河口国家湿地公园
江西省：东鄱阳湖国家湿地公园、东江源国家湿地公园、修河国家湿地公园。
河南省：郑州黄河国家湿地公园
湖北省：武汉东湖国家湿地公园
湖南省：千龙湖国家湿地公园、酒埠江国家湿地公园。

陕西省：西安浐灞国家湿地公园、蒲城卤阳湖国家湿地公园、千湖国家湿地公园、三原清峪河国家湿地公园、淳化冶峪河国家湿地公园

宁夏回族自治区：石嘴山星海湖国家湿地公园

第三批国家湿地公园试点单位62处(2009年12月公布)

河北省：坝上闪电河国家湿地公园
内蒙古自治区：阿拉善黄河国家湿地公园

吉林省：扶余大金碑国家湿地公园、大安嫩江湾国家湿地公园、大石头亚光湖国家湿地公园、榆树老干江国家湿地公园

黑龙江省：富锦国家湿地公园、安邦河国家湿地公园

江苏省：扬州宝应湖国家湿地公园、苏州太湖湖滨国家湿地公园、无锡长广溪国家湿地公园、沙家浜国家湿地公园

浙江省：衢州乌溪江国家湿地公园、诸暨白塔湖国家湿地公园、长兴仙山湖国家湿地公园

安徽省：泗县石龙湖国家湿地公园、三叉河国家湿地公园、淮南焦岗湖国家湿地公园、太和沙颍河国家湿地公园、太湖花亭湖国家湿地公园、颍州西湖国家湿地公园

福建省：宁德东湖国家湿地公园

江西省：药湖国家湿地公园、南丰傩湖国家湿地公园

山东省：台儿庄运河国家湿地公园

河南省：淮阳龙湖国家湿地公园、偃师伊洛河国家湿地公园

湖北省：谷城汉江国家湿地公园、蕲春赤龙湖国家湿地公园、赤壁陆水湖国家湿地公园、荆门漳河国家湿地公园

湖南省：雪峰湖国家湿地公园、湘阴洋沙湖—东湖国家湿地公园、宁乡金洲湖国家湿地公园、吉首峒河国家湿地公园、汨罗江国家湿地公园

广东省：雷州九龙山红树林国家湿地公园、乳源南水湖国家湿地公园

海南省：南丽湖国家湿地公园

重庆市：云雾山国家湿地公园、酉水河国家湿地公园、皇华岛国家湿地公园、阿蓬江国家湿地公园、迎风湖国家湿地公园、濑溪河国家湿地公园、彩云湖国家湿地公园

四川省：彭州湔江国家湿地公园、南河国家湿地公园

云南省：洱源西湖国家湿地公园

西藏自治区：多庆错国家湿地公园、雅尼国家湿地公园、嘎朗国家湿地公园

陕西省：铜川赵氏河国家湿地公园、丹凤丹江国家湿地公园、宁强汉水源国家湿地公园、旬河源国家湿地公园、凤县嘉陵江国家湿地公园、太白石头河国家湿地公园

甘肃省：张掖国家湿地公园

宁夏回族自治区：吴忠黄河国家湿地公园、黄沙古渡国家湿地公园

新疆维吾尔自治区：乌鲁木齐柴窝堡湖国家湿地公园

第四批国家湿地公园试点单位45处(2011年3月公布)

河北省：北戴河国家湿地公园

山西省：古城国家湿地公园

黑龙江省：塔头湖河国家湿地公园、齐齐哈尔明星岛国家湿地公园、泰湖国家湿地公园

江苏省：南京长江新济洲国家湿地公园、苏州太湖国家湿地公园、无锡梁鸿国家湿地公园

安徽省：秋浦河源国家湿地公园

江西省：庐山西海国家湿地公园、修河源国家湿地公园、潋江国家湿地公园、赣县大

湖江国家湿地公园

山东省：马踏湖国家湿地公园、济西国家湿地公园、黄河玫瑰湖国家湿地公园、蟠龙河国家湿地公园

河南省：平顶山白龟湖国家湿地公园

湖北省：麻城浮桥河国家湿地公园、惠亭湖国家湿地公园、莫愁湖国家湿地公园、大冶保安湖国家湿地公园、宜都天龙湾国家湿地公园、黄冈市遗爱湖国家湿地公园

湖南省：毛里湖国家湿地公园、五强溪国家湿地公园、松雅湖国家湿地公园、耒水国家湿地公园

广东省：万绿湖国家湿地公园、孔江国家湿地公园

广西壮族自治区：北海滨海国家湿地公园

重庆市：涪江国家湿地公园、汉丰湖国家湿地公园

四川省：大瓦山国家湿地公园、构溪河国家湿地公园

贵州省：石阡鸳鸯湖国家湿地公园

西藏自治区：当惹雍错国家湿地公园、嘉乃玉错国家湿地公园

陕西省：旬邑马栏河国家湿地公园

宁夏回族自治区：青铜峡鸟岛国家湿地公园、天湖国家湿地公园

新疆维吾尔自治区：玛纳斯国家湿地公园、乌齐里克国家湿地公园、阿勒泰克兰河国家湿地公园、阿克苏多浪河国家湿地公园

第五批国家湿地公园试点单位54处(2011年12月公布)

山西省：昌源河国家湿地公园、千泉湖国家湿地公园

内蒙古自治区：包头黄河国家湿地公园

辽宁省：大伙房国家湿地公园、大汤河国家湿地公园

吉林省：牛心套保国家湿地公园

黑龙江省：肇岳山国家湿地公园、同江三江口国家湿地公园

上海市：崇明西沙国家湿地公园

江苏省：扬州凤凰岛国家湿地公园、太湖三山岛国家湿地公园、无锡蠡湖国家湿地公园

浙江省：杭州湾国家湿地公园、玉环漩门湾国家湿地公园

安徽省：平天湖国家湿地公园、淠河国家湿地公园、道源国家湿地公园

福建省：永安龙头国家湿地公园

山东省：峡山湖国家湿地公园、月亮湾国家湿地公园、安丘拥翠湖国家湿地公园、寿光滨海国家湿地公园、微山湖国家湿地公园、武河国家湿地公园、少海国家湿地公园

河南省：鹤壁淇河国家湿地公园、漯河市沙河国家湿地公园

湖北省：金沙湖国家湿地公园、天堂湖国家湿地公园、武山湖国家湿地公园、返湾湖国家湿地公园

湖南省：书院洲国家湿地公园、新墙河国家湿地公园、南洲国家湿地公园、琼湖国家湿地公园、黄家湖国家湿地公园、桃源沅水国家湿地公园

重庆市：龙河国家湿地公园、大昌湖国家湿地公园

四川省：桫椤湖国家湿地公园、柏林湖国家湿地公园、若尔盖国家湿地公园
贵州省：威宁锁黄仓国家湿地公园
云南省：普者黑喀斯特国家湿地公园、普洱五湖国家湿地公园
西藏自治区：白朗年楚河国家湿地公园
甘肃省：兰州秦王川国家湿地公园
宁夏回族自治区：固原清水河国家湿地公园
新疆维吾尔自治区：和布克赛尔国家湿地公园、尼雅国家湿地公园
中国内蒙古森林工业集团有限责任公司：根河源国家湿地公园、图里河国家湿地公园
大兴安岭林业集团公司：阿木尔国家湿地公园、双河源国家湿地公园

第六批国家湿地公园试点单位14处(2012年3月公布)

河北省：丰宁海留图国家湿地公园
内蒙古自治区：纳林湖国家湿地公园、巴美湖国家湿地公园
黑龙江省：黑瞎子岛国家湿地公园
山东省：九龙湾国家湿地公园
湖北省：长寿岛国家湿地公园
广西壮族自治区：桂林会仙喀斯特国家湿地公园
重庆市：青山湖国家湿地公园、迎龙湖国家湿地公园
新疆维吾尔自治区：乌伦古湖国家湿地公园、拉里昆国家湿地公园、博斯腾湖国家湿地公园
大兴安岭林业集团公司：漠河九曲十八湾国家湿地公园、古里河国家湿地公园

第七批国家湿地公园试点单位85处(2012年12月公布)

河北省：尚义察汗淖尔国家湿地公园、康保康巴诺尔国家湿地公园、永年洼国家湿地公园
山西省：双龙湖国家湿地公园、文峪河国家湿地公园、介休汾河国家湿地公园
内蒙古自治区：额尔古纳国家湿地公园、免渡河国家湿地公园、索尔奇国家湿地公园、锡林河国家湿地公园、哈素海国家湿地公园、萨拉乌苏国家湿地公园
辽宁省：桓龙湖国家湿地公园、法库獾子洞国家湿地公园、辽中蒲河国家湿地公园
吉林省：镇赉环城国家湿地公园、东辽鴜鹭湖国家湿地公园、长春北湖国家湿地公园
黑龙江省：巴彦江湾国家湿地公园、杜尔伯特天湖国家湿地公园、蚂蜒河国家湿地公园、肇源莲花湖国家湿地公园、木兰松花江国家湿地公园、白桦川国家湿地公园、宾县二龙湖国家湿地公园、通河二龙潭国家湿地公园、伊春茅兰河口国家湿地公园
江苏省：溧阳天目湖国家湿地公园、九里湖国家湿地公园
江西省：赣州章江国家湿地公园、万年珠溪国家湿地公园、上犹南湖国家湿地公园、会昌湘江国家湿地公园、南城洪门湖国家湿地公园
山东省：济南白云湖国家湿地公园、黄河岛国家湿地公园、东明黄河国家湿地公园、潍坊白浪河国家湿地公园、沭河国家湿地公园、莒南鸡龙河国家湿地公园、东阿洛神湖国家湿地公园、曲阜孔子湖国家湿地公园、王屋湖国家湿地公园、莱州湾金仓国家湿地公园

河南省：汤阴汤河国家湿地公园、濮阳金堤河国家湿地公园、平桥两河口国家湿地公园、南阳白河国家湿地公园

湖北省：通城大溪国家湿地公园、崇阳青山国家湿地公园、沙洋潘集湖国家湿地公园、江夏藏龙岛国家湿地公园、竹山圣水湖国家湿地公园、当阳青龙湖国家湿地公园、竹溪龙湖国家湿地公园、浠水策湖国家湿地公园、仙桃沙湖国家湿地公园

湖南省：衡东洣水国家湿地公园、城步白云湖国家湿地公园、江华涔天河国家湿地公园、会同渠水国家湿地公园、隆回魏源湖国家湿地公园

广东省：东江国家湿地公园、海珠湖国家湿地公园

广西壮族自治区：横县西津国家湿地公园

重庆市：巴山湖国家湿地公园

四川省：遂宁观音湖国家湿地公园、西充青龙湖国家湿地公园、南充升钟湖国家湿地公园

贵州省：六盘水明湖国家湿地公园、余庆飞龙湖国家湿地公园

西藏自治区：拉姆拉错国家湿地公园、朱拉河国家湿地公园

陕西省：千渭之会国家湿地公园、澽水国家湿地公园

甘肃省：民勤石羊河国家湿地公园、文县黄林沟国家湿地公园

宁夏回族自治区：鹤泉湖国家湿地公园、太阳山国家湿地公园

新疆维吾尔自治区：塔城五弦河国家湿地公园、沙湾千泉湖国家湿地公园、伊犁那拉提国家湿地公园、泽普叶尔羌河国家湿地公园、额敏河国家湿地公园

内蒙古森工集团总公司：牛耳河国家湿地公园

附四：湿地保护管理规定

（国家林业局2013第32号局长令）

第一条　为了加强湿地保护管理，履行国际湿地公约，根据法律法规和国务院有关规定，制定本规定。

第二条　本规定所称湿地，是指常年或者季节性积水地带、水域和低潮时水深不超过6m的海域，包括沼泽湿地、湖泊湿地、河流湿地、滨海湿地等自然湿地，以及重点保护野生动物栖息地或者重点保护野生植物的原生地等人工湿地。

第三条　国家对湿地实行保护优先、科学恢复、合理利用、持续发展的方针。

第四条　国家林业局负责全国湿地保护工作的组织、协调、指导和监督，并组织、协调有关国际湿地公约的履约工作。

县级以上地方人民政府林业主管部门按照有关规定负责本行政区域内的湿地保护管理工作。

第五条　县级以上人民政府林业主管部门及有关湿地保护管理机构应当加强湿地保护宣传教育和培训，结合世界湿地日、爱鸟周和保护野生动物宣传月等开展宣传教育活动，提高公众湿地保护意识。

县级以上人民政府林业主管部门应当组织开展湿地保护管理的科学研究，应用推广研究成果，提高湿地保护管理水平。

第六条　县级以上地方人民政府林业主管部门应当鼓励、支持公民、法人和其他组织，以志愿服务、捐赠等形式参与湿地保护。

第七条　国家林业局会同国务院有关部门编制全国和区域性湿地保护规划，报国务院或者其授权的部门批准。

县级以上地方人民政府林业主管部门会同同级人民政府有关部门，按照有关规定编制本行政区域内的湿地保护规划，报同级人民政府或者其授权的部门批准。

第八条　湿地保护规划应当包括下列内容：

（一）湿地资源分布情况、类型及特点、水资源、野生生物资源状况；

（二）保护和利用的指导思想、原则、目标和任务；

（三）湿地生态保护重点建设项目与建设布局；

（四）投资估算和效益分析；

（五）保障措施。

第九条　经批准的湿地保护规划必须严格执行；未经原批准机关批准，不得调整或者修改。

第十条　国家林业局定期组织开展全国湿地资源调查、监测和评估，按照有关规定向社会公布相关情况。

湿地资源调查、监测、评估等技术规程，由国家林业局在征求有关部门和单位意见的基础上制定。

县级以上地方人民政府林业主管部门及有关湿地保护管理机构应当组织开展本行政区域内的湿地资源调查、监测和评估工作，按照有关规定向社会公布相关情况。

第十一条　县级以上人民政府或者林业主管部门可以采取建立湿地自然保护区、湿地公园、湿地保护小区、湿地多用途管理区等方式，健全湿地保护体系，完善湿地保护管理机构，加强湿地保护。

第十二条　湿地按照其重要程度、生态功能等，分为重要湿地和一般湿地。

重要湿地包括国家重要湿地和地方重要湿地。

重要湿地以外的湿地为一般湿地。

第十三条　国家林业局会同国务院有关部门划定国家重要湿地，向社会公布。

国家重要湿地的划分标准，由国家林业局会同国务院有关部门制定。

第十四条　县级以上地方人民政府林业主管部门会同同级人民政府有关部门划定地方重要湿地，并向社会公布。

地方重要湿地和一般湿地的管理办法由省、自治区、直辖市制定。

第十五条　符合国际湿地公约国际重要湿地标准的，可以申请指定为国际重要湿地。

申请指定国际重要湿地的，由国务院有关部门或者湿地所在地省、自治区、直辖市人民政府林业主管部门向国家林业局提出。国家林业局应当组织论证、审核，对符合国际重要湿地条件的，在征得湿地所在地省、自治区、直辖市人民政府和国务院有关部门同意后，报国际湿地公约秘书处核准列入《国际重要湿地名录》。

第十六条　国家林业局对国际重要湿地的保护管理工作进行指导和监督，定期对国际重要湿地的生态状况开展检查和评估，并向社会公布结果。

国际重要湿地所在地的县级以上地方人民政府林业主管部门应当会同同级人民政府有关部门对国际重要湿地保护管理状况进行检查，指导国际重要湿地保护管理机构维持国际重要湿地的生态特征。

第十七条　国际重要湿地保护管理机构应当建立湿地生态预警机制，制定实施管理计划，开展动态监测，建立数据档案。

第十八条　因气候变化、自然灾害等造成国际重要湿地生态特征退化的，省、自治区、直辖市人民政府林业主管部门应当会同同级人民政府有关部门进行调查，指导国际重要湿地保护管理机构制定实施补救方案，并向同级人民政府和国家林业局报告。

因工程建设等造成国际重要湿地生态特征退化甚至消失的，省、自治区、直辖市人民政府林业主管部门应当会同同级人民政府有关部门督促、指导项目建设单位限期恢复，并向同级人民政府和国家林业局报告；对逾期不予恢复或者确实无法恢复的，由国家林业局会商所在地省、自治区、直辖市人民政府和国务院有关部门后，按照有关规定处理。

第十九条　具备自然保护区设立条件的湿地，应当依法建立自然保护区。

自然保护区的设立和管理按照自然保护区管理的有关规定执行。

第二十条　以保护湿地生态系统、合理利用湿地资源、开展湿地宣传教育和科学研究为目的，并可供开展生态旅游等活动的湿地，可以建立湿地公园。

湿地公园分为国家湿地公园和地方湿地公园。

第二十一条　建立国家湿地公园，应当具备下列条件：

（一）湿地生态系统在全国或者区域范围内具有典型性；或者区域地位重要；或者湿地主体生态功能具有典型示范性；或者湿地生物多样性丰富；或者生物物种独特。

（二）具有重要或者特殊科学研究、宣传教育和文化价值。

第二十二条　申请建立国家湿地公园的，应当编制国家湿地公园总体规划。

国家湿地公园总体规划是国家湿地公园建设管理、试点验收、批复命名、检查评估的重要依据。

第二十三条　建立国家湿地公园，由省、自治区、直辖市人民政府林业主管部门向国家林业局提出申请，并提交总体规划等相关材料。

国家林业局在收到申请后，对提交的有关材料组织论证审核，对符合条件的，同意其开展试点。

试点期限不超过 5 年。对试点期限内具备验收条件的，省、自治区、直辖市人民政府林业主管部门可以向国家林业局提出验收申请，经国家林业局组织验收合格的，予以批复并命名为国家湿地公园。

在试点期限内不申请验收或者验收不合格且整改后仍不合格的，国家林业局应当取消其国家湿地公园试点资格。

第二十四条　国家林业局组织开展国家湿地公园的检查和评估工作。

因管理不善导致国家湿地公园条件丧失的，或者对存在问题拒不整改或者整改不符合要求的，国家林业局应当撤销国家湿地公园的命名，并向社会公布。

第二十五条　地方湿地公园的建立和管理，按照地方有关规定办理。

第二十六条　县级以上人民政府林业主管部门应当指导国家重要湿地、国际重要湿地、国家湿地公园、国家级湿地自然保护区保护管理机构建立健全管理制度，并按照相关规定制定专门的规章或者法规，加强保护管理。

第二十七条　因保护湿地给湿地所有者或者经营者合法权益造成损失的，应当按照有关规定予以补偿。

第二十八条　县级以上地方人民政府林业主管部门及有关湿地保护管理机构应当组织开展退化湿地恢复工作，恢复湿地功能或者扩大湿地面积。

第二十九条　县级以上地方人民政府林业主管部门及有关湿地保护管理机构应当开展湿地动态监测，并在湿地资源调查和监测的基础上，建立和更新湿地资源档案。

第三十条　县级以上人民政府林业主管部门应当对开展生态旅游等利用湿地资源的活动进行指导和监督。

第三十一条　除法律法规有特别规定的以外，在湿地内禁止从事下列活动：

（一）开（围）垦湿地，放牧、捕捞；

（二）填埋、排干湿地或者擅自改变湿地用途；

（三）取用或者截断湿地水源；

（四）挖砂、取土、开矿；

（五）排放生活污水、工业废水；

（六）破坏野生动物栖息地、鱼类洄游通道，采挖野生植物或者猎捕野生动物；

（七）引进外来物种；

（八）其他破坏湿地及其生态功能的活动。

第三十二条　工程建设应当不占或者少占湿地。确需征收或者占用的，用地单位应当依法办理相关手续，并给予补偿。

临时占用湿地的，期限不得超过 2 年；临时占用期限届满，占用单位应当对所占湿地进行生态修复。

第三十三条　县级以上地方人民政府林业主管部门应当会同同级人民政府有关部门，在同级人民政府的组织下建立湿地生态补水协调机制，保障湿地生态用水需求。

第三十四条　县级以上人民政府林业主管部门应当会同同级人民政府有关部门协调、组织、开展湿地有害生物防治工作；湿地保护管理机构应当按照有关规定承担湿地有害生物防治的具体工作。

第三十五条　县级以上人民政府林业主管部门应当会同同级人民政府有关部门开展湿地保护执法活动，对破坏湿地的违法行为依法予以处理。

第三十六条　本规定所称国际湿地公约，是指《关于特别是作为水禽栖息地的国际重要湿地公约》。

第三十七条　本规定自 2013 年 5 月 1 日起施行。

附五：国家湿地公园管理办法

（2010 年 12 月 22 日试行）

第一条　为促进国家湿地公园健康发展，规范国家湿地公园建设和管理，根据国家有关规定，制定本办法。

国家湿地公园的建立、建设和管理应当遵守本办法。

第二条　湿地公园是指以保护湿地生态系统、合理利用湿地资源为目的，可供开展湿地保护、恢复、宣传、教育、科研、监测、生态旅游等活动的特定区域。

湿地公园建设是国家生态建设的重要组成部分，属社会公益事业。国家鼓励公民、法人和其他组织捐资或者志愿参与湿地公园保护工作。

第三条　国家林业局依照国家有关规定组织实施建立国家湿地公园，并对其进行指导、监督和管理。

县级以上地方人民政府林业主管部门负责本辖区内国家湿地公园的指导和监督。

第四条　建设国家湿地公园，应当遵循“保护优先、科学修复、合理利用、持续发展”的基本原则。

第五条　国家湿地公园边界四至与自然保护区、森林公园等不得重叠或者交叉。

第六条　具备下列条件的，可建立国家湿地公园：

（一）湿地生态系统在全国或者区域范围内具有典型性；或者区域地位重要，湿地主体功能具有示范性；或者湿地生物多样性丰富；或者生物物种独特。

（二）自然景观优美和（或者）具有较高历史文化价值。

（三）具有重要或者特殊科学研究、宣传教育价值。

第七条　申请建立国家湿地公园的，应当提交如下材料：

（一）所在地县级以上（含县级）人民政府同意建立国家湿地公园的文件；跨行政区域的，需提交其同属上级人民政府同意建立国家湿地公园的文件。

（二）拟建国家湿地公园的总体规划及其电子文本。

（三）拟建国家湿地公园管理机构的证明文件或者承诺建立机构的文件。

（四）县级以上人民政府出具的拟建国家湿地公园土地权属清晰、无争议，以及相关权利人同意纳入湿地公园管理的证明文件。

（五）县级以上人民政府出具的拟建国家湿地公园相关利益主体无争议的证明材料。

（六）反映拟建国家湿地公园现状的图片资料和影像资料。

（七）所在地省级林业主管部门出具的申请文件、申报书，以及对总体规划的专家评审意见。

第八条　建立国家湿地公园由省级林业主管部门向国家林业局提出申请。

国家林业局对申请材料进行审核，对申请材料符合要求的，组织专家进行实地考察，并提交考察报告。

申报单位应根据专家实地考察报告组织对湿地公园总体规划进行修改和完善，并报国家林业局审查备案。

对通过专家实地考察论证和国家林业局初步审核符合条件的，由国家林业局在拟建国家湿地公园所在地进行公示。

第九条　对完成国家湿地公园试点建设的，由省级林业主管部门提出申请，国家林业局组织验收。对验收合格的，授予国家湿地公园称号；对验收不合格的，令其限期整改；整改仍不合格的，取消其试点资格。

第十条　国家湿地公园采取下列命名方式：

省(自治区、直辖市)名称 湿地名 国家湿地公园。

第十一条　国家湿地公园应当按照总体规划确定的范围进行标桩定界，任何单位和个人不得擅自改变和挪动界标。

第十二条　国家湿地公园所在地县级以上地方人民政府应当设立专门的管理机构，统一负责国家湿地公园的保护管理工作。

国家湿地公园管理机构的管理和技术人员应当经过必要的岗位培训。

第十三条　国家湿地公园总体规划应当由具有相应资质的单位参照有关规定编制。

国家湿地公园的撤销、范围的变更，须经国家林业局审批。

第十四条　国家湿地公园可分为湿地保育区、恢复重建区、宣教展示区、合理利用区和管理服务区等，实行分区管理。

湿地保育区除开展保护、监测等必需的保护管理活动外，不得进行任何与湿地生态系统保护和管理无关的其他活动。恢复重建区仅能开展培育和恢复湿地的相关活动。宣教展示区可开展以生态展示、科普教育为主的活动。合理利用区可开展不损害湿地生态系统功能的生态旅游等活动。管理服务区可开展管理、接待和服务等活动。

第十五条　国家湿地公园应当设置宣教设施，建立和完善解说系统，宣传湿地功能和价值，提高公众的湿地保护意识。

鼓励国家湿地公园定期向中小学生免费开放。

第十六条　国家湿地公园管理机构应当定期组织开展湿地资源调查和动态监测，建立档案，并根据监测情况采取相应的保护管理措施。

第十七条　禁止擅自占用、征用国家湿地公园的土地。确需占用、征用的，用地单位应当征求国家林业局意见后，方可依法办理相关手续。

第十八条　除国家另有规定外，国家湿地公园内禁止下列行为：

(一)开(围)垦湿地、开矿、采石、取土、修坟以及生产性放牧等。

(二)从事房地产、度假村、高尔夫球场等任何不符合主体功能定位的建设项目和开发活动。

(三)商品性采伐林木。

(四)猎捕鸟类和捡拾鸟卵等行为。

第十九条　国家林业局依照国家有关规定组织开展国家湿地公园的检查评估工作。对不合格的，责令其限期整改。整改仍不合格的，取消其“国家湿地公园”称号。

第二十条　本办法自发布之日起试行。